Martin Kirchner

Die Entdeckung des Blutkreislaufs

historisch-kritische Darstellung

Martin Kirchner

Die Entdeckung des Blutkreislaufs
historisch-kritische Darstellung

ISBN/EAN: 9783744655101

Hergestellt in Europa, USA, Kanada, Australien, Japan

Cover: Foto ©berggeist007 / pixelio.de

Weitere Bücher finden Sie auf **www.hansebooks.com**

Die Entdeckung des Blutkreislaufs.

Historisch-kritische Darstellung

von

Dr. med. Martin Kirchner.

Berlin 1878.
Verlag von August Hirschwald.
68 Unter den Linden.

Seinem Lehrer

dem

Herrn Geh. Medicinalrath und Professor

Dr. August Hirsch

in dankbarer Verehrung

gewidmet

vom

Verfasser.

„Amicus Plato sed magis amica veritas."

Am 1. April dieses Jahres hat man in England den Tag gefeiert, an dem vor dreihundert Jahren in Folkestone an der Küste des Kanals William Harvey geboren wurde. Diese Feier war ein Ausdruck der Bewunderung, welche die dankbare Nachwelt dem Manne zollt, welcher durch die geistreiche Durchführung der Lehre vom Blutkreislaufe den Ruhm des Begründers der Physiologie sich erworben hat.

Durch eine stattliche Anzahl begeisterter Forscher waren im Laufe des 16. Jahrhunderts die anatomischen Kenntnisse in kurzer Zeit fast auf den Zustand der Vollendung gehoben worden; die Maschine des thierischen Körpers war ihren Hauptbestandtheilen nach durchforscht, jede Schraube, jedes Rädchen mit einem Namen benannt worden; aber von seinem Spiele während des Lebens, vom Incinandergreifen seiner Theile wusste man wenig mehr, als was schon Galen im 3. Jahrhundert unserer Zeitrechnung gelehrt hatte. Noch waren die literarischen und instrumentellen Hilfsmittel sehr mangelhaft; die Vivisection wurde erst allgemeiner üblich, als die Forschung am Leichnam fast vollendet war; die Kunst der Gefässinjection wurde erst durch Swammerdam, Horne, Ruysch, das Mikroscop durch Malpighi, Leeuwenhoeck, Swammerdam in den Dienst der Wissenschaft gestellt; und was das schlimmste war, noch beherrschte eine unbeschränkte Teleologie die Gemüther der Forscher und verschloss ihre Augen einer nüchternen Beobachtung.

Mit Harvey begann eine neue Art zu forschen. An Stelle aprioristischer Speculation trat Beobachtung und Experiment, an Stelle blindgläubiger Teleologie die mechanische Erklärung. Vergleichende Anatomie, Entwickelungsgeschichte und Beobachtungen am Krankenbette verbanden sich mit der anatomischen Zergliederung zu der höchsten naturwissenschaftlichen Disciplin, der Physiologie.

Freilich, in das eherne Lehrgebäude Galens, das über ein Jahrtausend lang in den Köpfen der Aerzte und Laien festgewurzelt stand, musste erst manche Bresche gelegt werden, ehe Harveys Kernschuss dasselbe niederzulegen vermochte. Auch war das, was er an die Stelle desselben setzte, noch weit entfernt von fehlerfreier Vollendung. So weit wir aber entfernt sind, die Verdienste seiner Vorgänger und Nachfolger zu unterschätzen, so erscheint uns doch, was der grosse Engländer fand, so grossartig und in sich abgeschlossen, dass wir ihn als den Entdecker des Blutkreislaufes bezeichnen müssen.

Für diese Grossthat des Geistes hat er auch büssen müssen. „Als Harvey[1]), sagt ein Mitglied der Pariser

---

[1]) Conférences historiques de la faculté de médecine faites pendant l'année 1865. Paris 1866. VII Conf. Béclard: Harvey.

medicinischen Facultät, sein Buch veröffentlichte und der Welt seine schöne Entdeckung mittheilte, begegnete ihm, was den Erfindern aller Zeiten und Länder zu begegnen pflegt. Zuerst leugnete man hartnäckig die Wahrheit, die er brachte. Später, als es nicht mehr möglich war sie zu bestreiten, suchte man zu beweisen, dass er nichts weiter gethan als lange vor ihm gefasste Ideen verbreitet und verallgemeinert."

Was ihn erwartete, Harvey[1]) selbst war sich dessen wohl bewusst. „Die Dinge, sagt er im 8. Capitel seines berühmten Buches, sind so neu und unerhört, dass ich nicht allein vom Neide gewisser Leute Uebles für mich fürchte, sondern besorge, dass ich alle Menschen zu Feinden haben werde. So stark ist die Gewohnheit oder die einmal eingesogene und mit festen Wurzeln wie eine zweite Natur befestigte Lehre bei Allen und so mächtig die Bewunderung für das ehrwürdige Altertum. Da nun aber einmal der Würfel gefallen ist, so setze ich meine Hoffnung auf die Wahrheitsliebe und auf die Rechtschaffenheit gelehrter Freunde."

Senac[2]) schildert sehr anschaulich den Eindruck, den Harveys Arbeiten hervorbrachten: „Einige Gelehrte fühlten ihren Werth; die meisten Aerzte erhoben sich

---

[1]) Guilelmi Harveii, Angli, medici Regii, et in Londinensi medicorum collegio professoris anatomiae, De Motu Cordis et sanguinis in animalibus, Anatomica Exercitatio. Lugduni Batavorum 1639. p. 137.
[2]) M. Senac, Traité de la structure du coeur, de son action et de ses maladies. Paris 1749. T. II. p. 45. Lib. III. cap. II. 9.

gegen so neue Gedanken: dieser grosse Mann war in ihren Augen nur ein Zergliederer von Insekten, Fröschen, Schlangen: die alten Practicer besonders glaubten nicht, dass ihnen noch etwas zu lernen bliebe, sie starben zufrieden mit ihrer Unwissenheit." Harvey, der dirigirende Arzt des Barthelemew-Hospital und Leibarzt König Karls I., hatte in London eine Praxis gehabt, wie nur die Ersten unseres Standes; nach Veröffentlichung seines Buches verliess ihn das von seinen missgünstigen Collegen bethörte Publicum, fast geneigt ihn für geisteskrank zu halten. Wie tief er darunter litt, zeigt die Antwort, die er seinen Freunden gab, als sie in ihn drangen, sein nicht minder Epoche machendes Buch über die Zeugung zu veröffentlichen. „Warum wollt Ihr, das ich den ruhigen Hafen verlassen soll, in dem ich seit Kurzem mein Leben geborgen habe? Was habe ich nöthig mich aufs Neue auf ein treuloses Meer zu wagen? Hat mich nicht der Sturm genug mit seinen Schlägen getroffen? Lasst mich die mir übrigen Tage in einer theuer genug erkauften Ruhe verleben[1])!" Der kleine Mann mit dem muthigen Herzen, dem feurigen Auge, dem schwarzen Haar, wie ihn John Aubrey schildert, war innerlich geknickt; seine Locken zeigten die Farbe des Schnees, als er endlich die Genugthuung erlebte seine Lehre allgemein anerkannt zu sehen. Inzwischen begann die andere Kampfart seiner Gegner: man behauptete, das, was er lehre, sei eine längst bekannte Geschichte.

---

[1]) Béclard l. c. p. 234.

Man durchforschte die alten Klassiker, studirte sie in der Hoffnung und Absicht, darin zu finden, was man suchte; und so ist es gekommen, dass die Zahl der Entdecker des Kreislaufes zusehends wuchs. Es genügte eben manchem Forscher bei irgend einem alten Anatomen Herz und Gefässe erwähnt zu finden, um ihn auf den Schild zu erheben. Freilich liess auch die Kritik nicht lange auf sich warten, und es ist gelungen eine ganze Reihe dieser „Entdecker des Blutkreislaufes" für immer von der Ruhmesliste zu streichen. Aber von völliger Klarheit sind wir noch weit entfernt. Trotzdem Flourens[1]) unlängst Harveys und seiner Vorgänger Verdienste mit grosser Unparteilichkeit abgewogen, hat sich doch neuerdings in Italien wieder eine Bewegung erhoben, darauf gerichtet, Harvey die Palme zu Gunsten Cesalpinos zu entwinden. Die Römer medicinische Facultät erliess unter dem 28. November 1875 einen Aufruf zu einer Sammlung für ein Denkmal Cesalpinos, „der zuerst den grossen Kreislauf bewies," und der Professor Ceradini in Genua forderte die Commune Pisa auf, an demselben Tage eine Feier zum Andenken ihres berühmten Mitbürgers zu begehen, an dem man in England Harveys dreihundertjährigen Geburtstag feiern würde.

Es berührt den objectiven Forscher seltsam, das wissenschaftliche Urtheil durch einen missverstandenen

---

[1]) P. Flourens, Histoire de la découverte de la circulation du sang. Paris 1854. 8.

Patriotismus getrübt zu sehen. Der Streit der Italiener für Cesalpino ist ihnen ein Streit für den Ruhm des italienischen Volkes. Nach Freschi „hat sich Zecchinelli um die Geschichte der italienischen Medicin verdient gemacht, indem er durch unumstössliche Beweise das freche und schamlose Plagiat entlarvt hat, welches Harvey an den italienischen Lehren beging, ohne auch nur die Quellen zu nennen, aus denen er sie zum ersten Male schöpfte". Und Freschi fügt hinzu, er habe sich zur Aufgabe gestellt, „der Geschichte den unumstösslichen Beweis von dem Raube am italienischen Erbe zu geben und den Nachkommen das unauslöschliche Andenken der so grossen Treulosigkeit und Undankbarkeit zu hinterlassen, welche jener Britte gegen seine italienischen Lehrer bewies".

Cesalpinos neuester Herold Ceradini[1] missbilligt zwar diese Ergüsse seiner Landsleute, „welche der historischen Frage präjudiciren müssen", und erkennt Harveys geistige Grösse, seinen Fleiss, seine Kenntnisse und seinen Muth willig an; aber auch er bestreitet ihm „jedes andere Verdienst als das äussere, einen neuen Beweis für den von Cesalpino entdeckten Blutkreislauf geliefert und die Lehre in gewisser Beziehung vervollkommnet zu haben". Und er stellt sich die Aufgabe zu beweisen, dass Galen den Lungenkreislauf gekannt; dass nicht Servet oder Colombo,

---

[1] La scoperta della circulazione del sangue; appunti storico-critici del dott. G. Ceradini, prof. di fisiologia all' Univ. di Genova, in den Annali universali di Medicina e Chirurgia. Milano 1876. Vol. 235 e 237.

sondern Aranzio die Undurchgängigkeit der Herzscheidewand bewiesen; dass nicht Harvey, sondern Cesalpino den grossen Kreislauf entdeckt hat. So wollen wir denn diese schon so viel ventilirte Frage einer abermaligen Prüfung unterziehen und durch eine eingehende Würdigung der fraglichen Schriften ihrer endlichen Lösung näher zu bringen versuchen.

Harvey selbst berief sich bei der Darstellung des Lungenkreislaufes neben Colombo auf Galen. Haller[1]) fügte der Beurtheilung der Kenntnisse Servets bezüglich des kleinen Kreislaufes hinzu: „quod ne quidem Galenus ignoraverat". Der alte Boerhaave[2]) sagte: „Galenus de usu valvularum recte sensit et ex iis minorem circulationem eruit". Hecker[3]) behauptete sogar, Galen habe auch den grossen Kreislauf gekannt. Wir theilen diese Ansicht nicht. Zwar enthält Galens Lehrgebäude, soweit es Thatsachen bringt, viel noch heutige Richtiges, aber die Deutung dieser Thatsachen ist in den meisten Punkten abweichend von der unsrigen. Wer dies vergisst, wird bei den Alten oft Andeutungen finden, die so klingen, als hätten sie bereits gewusst, was erst später entdeckt ward.

Zunächst unterrichtet uns Ceradini[4]) in seiner Ab-

---

[1]) A. v. Haller. Bibliotheca anatom., qua scripta ad anatomen et physiologiam facientia a rerum initiis recensentur. Tom. I. p. 204. Tiguri 1774. 4.
[2]) Boerhaave, Methodus studii medici emaculata et accessionibus locupletata ab A. Haller. Amstelodami 1771. T. I. p. 304.
[3]) J. F. C. Hecker, die Lehre vom Kreislaufe vor Harvey. Berlin 1831. 8.
[4]) Ceradini l. c. p. 40.

handlung, wer Galen gewesen sei. „Wir betrachten die Werke Galens als eine kritische Bibliothek des medicinischen Wissens des 2. Jahrhunderts unserer Zeitrechnung, zusammengeschrieben unter der Leitung eines Gelehrten, der vielleicht mit diesem Namen [γαληνός, serenus, tranquillus] aus demselben Grunde genannt wurde, aus dem Lucretius [de rer. nat. II 8.] die heiligen Räume der Naturwissenschaften „sapientium templa serena" nannte." Es muss zugegeben werden, dass es schwer festzustellen ist, wie viel von dem, was sich in Galens Werken findet, seiner eigenen Forschung angehört, da die vor seiner Zeit verfassten Werke so wenig bekannt sind. Aber an der historischen Existenz des römischen Arztes Claudius Galenus zu zweifeln ist noch Niemandem eingefallen, und Ceradini bleibt uns auch jeden Beweis für seine Theorie schuldig.

Die Ansichten Galens vom Blutlaufe lassen sich etwa zu folgendem Systeme zusammenfassen.

Der Chylus, den die Gekrösvenen aus den Verdauungswegen aufnehmen und durch die Pfortader der Leber zuführen, wird dort in rothes Blut verwandelt und durch die Hohlvene in den übrigen Körper geleitet[1]). Die bei dieser Blutbereitung entstehenden Abgänge werden von den grossen Unterleibsorganen aufgenommen, und zwar das „leichte gelbe" von der Gallenblase, das „dicke schlammige" von der Milz, das „dünne wässerige" von den Nieren[2]). Die zur

---

[1]) Galeni de usu partium Lib. IV.
[2]) Galeni de Hippocratis et Platonis dogmatibus L. VI.

Kehle ziehende Hohlvene giebt durch einen Ast einen Theil ihres Inhaltes an die rechte Herzkammer ab, wo derselbe seine Vollendung erreicht[1]). Von diesem Blute geht ein Theil durch die Vena arteriosa [Lungenarterie] zur Lunge, um dieses Organ zu ernähren, der andere durch Löcher in der Herzkammerscheidewand, welche nach dem Tode nicht mehr sichtbar sind, in die linke Kammer. Hier verbindet es sich mit dem durch die Arteria venosa [Lungenvene] einfliessenden Athem [Spiritus] unter Mitwirkung der eingepflanzten Wärme zum Lebensgeist, um als solcher in das Arteriensystem sich zu ergiessen.

Zwei an Form und Inhalt getrennte Gefässsysteme beschreibt also Galen[2]), und er vergleicht sie selbst mit zwei Bäumen, deren einer, das Venensystem, seine Wurzeln in der Pfortader, seinen Stamm in der Hohlvene, deren anderer, das Arteriensystem, seine Wurzeln in der Lungenvene, seinen Stamm in der Aorta hat.

Die Blutbewegung geht vom Herzen aus, dem jedoch Galen abweichend von den Hippokratikern den Character eines Muskels abspricht. Wie ein Blasebalg[3]) zieht es in seiner Diastole Blut aus der Hohlvene und Athem aus der Lunge in sich hinein, worin es durch die Zipfelklappen unterstützt wird[4]), mit denen es an den Gefässen zieht und sie zur Hergabe ihres Inhaltes

---

[1]) Galeni de usu part. L. VI. c. 4.
[2]) Galeni de venarum et arteriarum dissectione c. 1.
[3]) De us. part. L. VI. c. 5.
[4]) De us. part. L. VI. c. 14.

bewegt. Ebenso ziehen die Arterien vermöge einer eigenen „vis pulsifica" wie Blasebälge in ihrer Diastole den Inhalt des Herzens in sich hinein[1]).

Bemerkenswerth sind Galens[2]) Angaben über den Bau und Zweck der Herzklappen. Dass die C förmigen Klappen der Aorta und der Lungenarterie den Rückfluss in die Herzkammern, dass die Zipfelklappen den in die zuführenden Gefässe verhindern, lehrt man noch heut, während freilich die Idee des Ziehens der Klappen an den Gefässen aufgegeben werden musste. Galen hielt aber die Klappen nicht für physiologisch schlussfähig. Besonders gilt dies von der Mitralis, weil er einen Ausweg für den nach seiner Meinung im linken Herzen entstehenden Russ [$λιγνύς$] brauchte[3]), den er in der Lungenvene zu finden glaubte. Doch sah er auch die übrigen Klappen als nicht absolut schlussfähig an, da es Unsinn sei, anzunehmen, dass die Aorta dem übrigen Körper Lebensgeist mittheile und nur dem Herzen nicht[4]).

Hecker behauptete in seinem oben citirten Schriftchen und in seinem Lehrbuche der Geschichte der Medicin, dass Galen die rückläufige Bewegung des Blutes in den Venen und den Lungenkreislauf kannte, daher „für den ersten und eigentlichen Entdecker des Blutkreislaufes zu halten" sei. Ceradini[5]) erklärt zwar

---

[1]) Galeni de pulsuum usu c. 6.
[2]) De us. part. L. VI. c. 11.
[3]) De us. part. L. VI. c. 15.
[4]) De us. part. L. VI. c. 17. L. VII. c. 6.
[5]) Ceradini l. c. vol. 235. p. 64.

mit Recht, dass sich vom grossen Kreislaufe bei Galen nichts findet, tritt aber für den kleinen mit Lebhaftigkeit ein. Als Beweis dienen beiden die Anastomosen zwischen Arterien und Venen, die daher eine eingehende Betrachtung erheischen. Galen äussert sich darüber folgendermaassen[1]):

„In toto corpore mutua est anastomosis, atque oscillorum apertio arteriis simul et venis, transumuntque ex sese pariter sanguinem et spiritum per invisibiles quasdam atque angustas plane vias." — „Porro orificiorum arteriarum ad venas apertiones non sine causa neque frustra paravit natura, sed ut respirationis ac pulsuum utilitas non cordi solum atque arteriis, sed cum eis, venis etiam distribuatur[2])."

Hecker sagt, nach Galen strömt das Blut „durch die ganze Länge der Arterien bis in ihre äussersten Enden und ergiesst sich hier durch die unzählige Anastomosen in die Blutadern," er identificirt also die Anastomosen mit den Capillaren. Allein Galen dachte an einen unmittelbaren Uebergang der Enden der Arterien in die Anfänge der Venen nicht, sondern meinte, was schon im Worte ἀναστόμωσις enthalten ist, dass der Uebertritt des Inhalts aus der Arterie in die Vene und umgekehrt auf dem ganzen Verlaufe der neben einander verlaufenden Gefässe durch symmetrisch in ihren Wandungen sich öffnende Mündchen stattfindet, wie folgende Worte lehren[3]): „.... licet paulum

---
[1]) De us. part. L. VI. c. 10.
[2]) De us. part. L. VI. c. 17.
[3]) De us. part. L. VI. c. 17.

quiddam materiis per corpora ipsa progredi: altius vero penetrare, nisi ampla via dimittantur, ipsis haudquaquam licet, quae ratio fuit, cur non in corde modo, sed toto etiam animali arteriae et venae mediocri intervallo sint locatae, quod natura materias dimittere sine ampla via non posset."

Aus den angeführten Sätzen geht auch hervor, dass Galen nicht, wie Hecker behauptet, durch die Anastomose Blut aus den Arterien in die Venen, sondern Lebensgeist aus jenen in diese und Blut vielmehr umgekehrt aus den Venen in die Arterien gelangen liess.

Die einzige Stelle im Körper, wo wirklich nach Galens Meinung Blut aus einer Arterie in eine Vene übertritt, ist die Lunge, worauf schon Senac hingewiesen hat. Galen[1]) hielt nämlich nach dem Vorgange des Herophilus die Lungenarterie für eine Vene mit Arterienwand und die Lungenvenen für Arterien mit Venenwand, da er alle blutführenden Gefässe für Venen und alle mit Lebensgeist gefüllten für Arterien ansah. Da nun nach seiner Ansicht durch die Anastomosen Blut aus den Venen in die Arterien übertritt, so gilt dies auch von der „Vena arteriosa" und der „Arteria venosa." Und auf diese Thatsache hin behauptet Ceradini[2]), dass Galen den Lungenkreislauf kannte!

„Wenn Galen, sagt er, geschrieben hätte, dass nur ein Hundertstel des Blutes, welches zur rechten Kammer kommt, den Weg durch die Lunge nimmt, um

---

[1]) Senac. l. c. Tom. II. p. 9.
[2]) Ceradini l. c. Vol. 235. p. 42.

zur linken zu gelangen, während die andern neunundneunzig den durch die Scheidewand nehmen, so würden wir nichts desto weniger sagen, dass er das kannte, was wir heut Lungenkreislauf nennen, nachdem von Cesalpino der wirkliche Blutkreislauf, der allgemeine Kreislauf, entdeckt wurde."

Wir können nicht glauben, dass Ceradini, der im physiologischen Laboratorium in Leipzig unter der Leitung des Professor Ludwig gearbeitet hat, den Uebertritt eines Spürchens Blut aus der Lungenarterie in die Lungenvenen im Ernste für den Lungenkreislauf hält; dass er, ein Professor der Physiologie, es übersehen kann, dass man mit diesem Namen die Wanderung des ganzen Blutes durch die Lunge bezeichnet.

Für Galen hatte, da er die Bronchialgefässe nicht kannte, dieser Uebertritt von Blut lediglich den Zweck die Lunge zu ernähren. Wie weit er dagegen von dem Gedanken des Lungenkreislaufes entfernt war, lehrt seine Darstellung des Foetalblutlaufs.

Mit Bewunderung sehen wir, dass er das Foramen ovale, die Valvula Eustachii, den Ductus arteriosus Botalli kannte[1]). Aber welche Deutung gab er ihnen! Beim Erwachsenen, meint er, ist die Lunge ein zartes, duftiges Organ, das viel Lebensgeist und wenig Blut zu seiner Ernährung braucht; im Foetus dagegen ist sie ein Vollorgan, wie die Leber, die Milz, die Nieren, dem viel Blut und wenig Lebensgeist zugeführt werden muss. Da nun die einfachen Wände der Venen durch-

---

[1]) De us. part. L. VI. c. 21.

gängiger als die doppelten der Arterien sind, so geht der Lebensgeist beim Erwachsenen durch die Lungenvenen, beim Foetus durch die Lungenarterien, dagegen das Blut bei ersterem durch die Arterie, bei letzterem durch die Vene zur Lunge. Der Ductus arteriosus dient dazu, den Lebensgeist beim Foetus aus der linken Kammer in die Lungenarterie, das Foramen ovale, das Blut aus der rechten Kammer in die Lungenvenen zu leiten. Also auch hier tritt uns die Lungenvene als ein vom Herzen abführendes Gefäss entgegen, was mit der Idee des Lungenkreislaufes doch unvereinbar ist.

Noch weniger ist dies Galens Lehre von der Athmung, deren Angelpunkt die „eingeborene Wärme" ist. Dieselbe wird im Herzen, besonders in der linken Kammer, wie auf einem Herde durch die Verbrennung des Blutes erzeugt und unterhalten[1]). Die Athmung nun, deren Mechanismus Galen sehr richtig beschreibt, indem er den Brustkorb als activ, die Lungen als passiv bezeichnet, hat einen doppelten Zweck. Einmal soll der bei der Einathmung in die Lunge und aus ihr durch die Lungenvenen in die linke Kammer gelangende Athem das Ueberhandnehmen der thierischen Wärme verhüten und das Herz abkühlen, sodann soll er in der oben beschriebenen Weise durch die Verbindung mit dem reinsten Blute den Lebensgeist unterhalten. Bei der Ausathmung wird der bei der Verbren-

---

[1]) Galeni de inaequali temperie; de temperamentis L. I; de utilitate respirationis c. 3; de curandi ratione per sanguinis missionem etc.

mung im Herzen entstehende Russ aus dem Körper entfernt, nachdem er bei der Systole des Herzens zugleich mit Lebensgeist durch die Lungenvenen trotz der entgegenstehenden Mitralis in die Lunge entleert worden ist.

Hecker meint, Galen habe die Athmung als eine Verbrennung aufgefasst, und Ceradini[1]) neigt sich auf Grund der Worte: „summatim sane dicimus utilitatem respirationis esse innati caloris conservationem" zu derselben Ansicht. In der That spricht Galen von der Unterhaltung der eingebornen Wärme durch die Verbrennung des Blutes; aber er verlegt dieselbe in das Herz und schreibt der eingeathmeten Luft nicht die Aufgabe zu sie zu erhalten, sondern vielmehr ihr Uebermaass zu dämpfen. Die Verbrennung hat also bei Galen mit der Athmung ganz und gar nichts zu thun. So innig er von der Wichtigkeit der Lunge überzeugt war, deren Bewegung nicht aufhören dürfe, ohne das Leben zu gefährden, so weit war er doch von einer einheitlichen Auffassung der Athmung entfernt. Die Lunge war nach seiner Meinung hauptsächlich zur Abkühlung des Herzens da, was schon daraus hervorgehen sollte, dass Thieren ohne Lunge auch die rechte Kammer fehlt. Die Athmung des übrigen Körpers liess er durch die Arterien geschehen. Dieselben sollten bei ihrer Diastole vermöge der ihnen eigenthümlichen „vis pulsifica" Lebensgeist aus der linken Kammer und Luft durch die zahlreichen Poren in ihren Wänden

---

[1]) Ceradini l. c. vol. 235. p. 62.

aus der Atmosphäre an sich ziehen und bei ihrer Systole den auch in ihnen sich bildenden „Russ" trotz der Aortenklappen in die linke Kammer und durch die Poren in die Atmosphäre und die Körperhöhlen ausstossen. Ausserdem sollte die Luft durch die Nase und das Siebbein in die Hirnhöhlen gelangen; und auch hier sollte die Einathmung den doppelten Zweck der Abkühlung und der Entstehung des Seelengeistes, die Ausathmung den der Entleerung des Russes haben. Die thierischen Geister haben in der Medicin und Philosophie eine zu wichtige Rolle gespielt, als dass wir sie hier mit Schweigen übergehen dürften. Sie entstanden in den Köpfen der Forscher dadurch, dass sie bei der Zergliederung der Leichen die Arterien meist blutleer fanden. Deshalb gab man ihnen den Namen „Arterien" und stellte sie mit der Luftröhre und deren Verzweigungen in eine Reihe; erstere nannte man glatt, letztere rauhe Arterien, ein Name, den nur die Luftröhre [τραχεία] behalten hat. Die alexandrinischen Gelehrten behaupteten, dass die Arterien auch während des Lebens Luft enthalten, während der Uebertritt von Blut aus den Venen in dieselben Entzündung und Fieber erzeuge. Galen[1] erhob sich gegen diesen Irrtum und wies in einem eigenen Schriftchen mit Hilfe von Vivisectionen nach, dass die Arterien während des Lebens Blut führen. Trotzdem hielt er an den thierischen Geistern fest und unterschied wie

---

[1] Galeni an secundum naturam in arteriis sanguis contineatur.

die Alten deren drei. Der natürliche Geist, $\pi\nu\varepsilon\tilde{\upsilon}\mu\alpha$ $\varphi\upsilon\sigma\iota\varkappa\acute{o}\nu$[1]), spiritus naturalis, der ihm übrigens etwas zweifelhaft war, entsteht bei der Umwandelung des schwarzen in rothes Blut und hat seinen Sitz in der Leber und den Venen; der Lebensgeist, $\pi\nu\varepsilon\tilde{\upsilon}\mu\alpha\ \zeta\omega\tau\iota\varkappa\acute{o}\nu$, spiritus vitalis, entsteht in der linken Herzkammer durch die Verbindung des feinsten Blutes und des Athems und wohnt im Herzen und den Arterien; der Seelengeist, $\pi\nu\varepsilon\tilde{\upsilon}\mu\alpha\ \psi\upsilon\chi\iota\varkappa\acute{o}\nu$[2]), spiritus animalis, entsteht aus dem Lebensgeist und der durch die Nase eingeathmeten Luft in den Hirnhöhlen und begiebt sich von dort in den plexus retiformis. Man könnte glauben, Galen habe mit dem natürlichen das venöse, mit dem Lebensgeist das arterielle Blut gemeint, wenn er nicht den letzteren ausdrücklich eine „exhalatio sanguinis benigni" nennte. Die Unrichtigkeit einer solchen Meinung geht auch aus der Erklärung hervor, die Galen[3]) für die verschiedene Dicke der Arterien- und Venenwände gab. Darnach haben die Arterien deshalb zwei Häute, damit der flüchtige Lebensgeist weniger leicht, die Venen nur eine, damit das dicke Blut leichter durch sie hindurchgehen könne. Und die linke Herzkammer ist deshalb so schwer und dick, damit sie mit dem so leichten Lebensgeist zusammen dem schweres Blut enthaltenden und deshalb dünneren rechten Ventrikel das Gleichgewicht halten kann.

Ceradini behauptet, Galen habe bewiesen, dass die

---

[1]) Galeni de methodo medendi L. XII.
[2]) De Hipp. et Plat. dogm. L. VII.
[3]) De us. part. L. VI. c. 10. 11. 16.

Arterien nur Blut enthielten. Wie er darüber dachte, lehrt folgende Stelle¹): „Demonstratum enim nobis alio loco est, omnia esse in omnibus [ut monuit Hippocrates]; atque arteriae quidem tenuem ae vaporosum continent sanguinem: venae autem pauem eundemque caliginosum aërem." Das heisst also, die Arterien enthalten viel Lebensgeist und wenig Blut, die Venen wenig Lebensgeist und viel Blut. Dass dies sich aber nicht auf alle Arterien bezieht, erfahren wir aus einer andern Stelle²), wo erklärt wird, die dem Herzen zunächst liegenden zögen Lebensgeist aus diesem, die der Haut zunächst gelegenen Luft aus der Atmosphäre und die vom Herzen und von der Haut entfernt liegenden das dünnste Blut aus den Venen an sich.

Dass Galen von einem Kreislaufe keine Ahnung hatte, glauben wir damit zur Genüge bewiesen zu haben. Die folgende Stelle zeigt deutlich, dass er den Blutlauf als ein pendelartiges Hin- und Herschwanken auffasste. „Quippe per hos transitus arteriae dilatatae ex venis trahunt, contractae contra in eas regerunt³)."

So bestimmt wir aber Galen die Kenntniss sowohl des grossen wie des kleinen Kreislaufes bestreiten, so gerne schliessen wir uns Senaes Urtheil an, wenn er sagt: „Aber man muss gestehen, dass er in seinen Werken die Spuren hinterlassen hat, die man verfolgen musste, um zum Geheimnis des Kreislaufes zu gelangen." Die Fülle der richtigen Thatsachen neben

---

¹) De us. part. L. VI. c. 17.
²) Galeni de naturalibus facultatibus L. III. c. 14.
³) De puls. usu c. 6.

den falschen Theorieen ist bei dem alten Gelehrten von Pergamus so gross, dass wir es begreiflich finden, wie man Jahrhunderte lang ihn als höchste Autorität ansehen konnte. Aber die Zähigkeit, mit der man an diesen Theorieen fest hielt, hinderte jeden wissenschaftlichen Fortschritt. Erst die Befreiung der Geister von dem Banne Galens führte zu weiterer Erkenntnis. Hierfür bietet die Herzscheidewand ein recht lehrreiches Beispiel. Galen hatte in Wahrheit keine Löcher in derselben gesehen, welche von der einen Wand bis zur andern hindurchgehen. Aber da er Blut in beiden Herzkammern fand und den Weg desselben durch die Lunge nicht kannte, so nahm er diese Löcher an und beruhigte sich selbst und andere, welche sie nicht sehen konnten, mit der Versicherung, dass sie nur im Leben sichtbar seien[1]): „Ipsos tamen ultimos eorum fines, tum propter parvitatem, tum quod in animali jam mortuo omnia sint perfrigerata ac densata, contueri non licet." Dass ihn zur Annahme derselben die Theorie bestimmt, giebt er zu: „Ceterum hic quoque has sinuum cordis communis vias ratio deprehendit." Wie in Andersens Mährchen Jedermann den König, der dem Volke seine neuen Kleider zeigen wollte, nackend sah, es aber nicht zu sagen wagte, weil die betrügerischen Schneider den für dumm erklärt hatten, der die Kleider nicht sehen konnte, so versicherten alle Anatomen über ein Jahrtausend lang das Dasein der Löcher in der Herzscheidewand aus Furcht vor dem

---

[1]) De nat. facult. L. III. c. 14.

Ansehen des grossen Galen, obwohl es keinem gelang, sie zu entdecken. Berengar von Carpi[1]) wird vielfach als derjenige angeführt, der diesen Bann brach. Indessen enthält, wie Ceradini zeigt, die gewöhnlich als Beweis dafür angeführte Stelle[2]): „in homine cum maxima difficultate videntur" gerade die Ueberzeugung von ihrem Dasein. Dieselbe wird in einer andern von Ceradini citirten Stelle noch deutlicher ausgesprochen[3]): „in quo sunt foramina plura parva a dextro sinu in sinistrum tendentia." Der Erste, der sie leugnete, ist vielmehr Andreas Vesalius aus Brüssel. Jede Leiche, die er zergliederte, hatte ihn mehr von der Falschheit der Galen'schen Anatomie überzeugt. Aber sein Werk zeigt deutliche Spuren des Kampfes, den es ihn kostete, sich von der Autorität des alten Klassikers frei zu machen[4]). Er nennt ihn „rarum naturae miraculum[5])", „omnium bonorum auctor[6])", „cuius diligentiae alioquin cum omnibus medicinae studiosis plurimum debeo"; er gesteht, dass

---

[1]) Béclard l. c. p. 216.

[2]) Berengarius Carpensis, Commentarii cum amplissimis additionibus super anathomiam Mundini una cum textu eius in pristinum et verum nitorem redacto. Bononiae 1521. 4.

[3]) Anatomia Carpi. Isagoge breves perlucide ac uberime, in Anatomiam humani corporis, a communi Medicorum Academia, usitatam etc. Bononiae 1514.

[4]) Andreae Vesalii Bruxelliensis, Scholae medicorum Patavinae professoris, de Humani corporis fabrica libri septem. Basileae 1543.

[5]) L. I. c. 15. p. 63. 68.

[6]) L. VI. c. 1. p. 569.

auch er auf Galens Worte geschworen habe¹). Aber er findet, dass seine Anatomie nicht die menschliche, sondern die von Affen, Hunden und anderen Thieren²) ist, weist kühn die Verschiedenheit nach und kommt zu der Erkenntnis, dass viele seiner Lehren Einbildungen seien³).

So kühn er indessen die thatsächlichen Fehler Galens berichtigte, so ängstlich hielt er dessen Theorieen aufrecht, und es ist nicht richtig, wenn Haeser⁴) behauptet, „seine Vorstellungen über den kleinen Kreislauf seien durchaus naturgemäss" gewesen. Die verschiedene Dicke der Lungenarterie und Lungenvene erklärte er ganz wie Galen; die Verfeinerung des Blutes verlegte er wie dieser in das Herz; die Lungen sind auch nach seiner Meinung zur Abkühlung des Herzens da; die Athmung geschieht zur Mässigung der eingeborenen Wärme und zur Bildung des Lebensgeistes; das Blut tritt durch die Herzscheidewand aus der rechten in die linke Kammer über⁵).

Das Dasein von Löchern in dieser Scheidewand stellte er dagegen in Abrede, das heisst, er billigte die Theorie, aber berichtigte den Fehler der Beobachtung⁶). „Ventriculorum igitur septum crassissima, ut

---

¹) L. VI. c. 12. p. 590.
²) L. II. c. 5. p. 233. c. 26. p. 275.
³) L. VII. c. 6. p. 635.
⁴) H. Haeser, Lehrbuch der Geschichte der Medicin 3. Aufl. Jena 1877. II. p. 46.
⁵) L. VI. c. 15. p. 596. 598.
⁶) L. VI. c. 11. p. 589.

dixi, cordis substantia efformatum, utrinque foveis ipsi impressis scatet, hae imprimis occasione inaequali superficie qua ventriculos respicit donatum. *Ex his foveis nullae [quod sensu saltem comprehendi licet] ex dextro ventriculo in sinistrum penetrant,* adeo sane ut rerum Opificis industriam mirari cogamur, qua per meatus visum fugientes ex dextro ventriculo in sinistrum sanguis resudat." Die verschiedene Weite der Hohlvene und Lungenarterie einerseits, der Lungenvenen und Aorta andrerseits, welche Galen als Hauptbeweis für das Dasein der Löcher in der Herzscheidewand gedient, stellte er in Abrede, auch liess er die Hohlvene nicht, wie Galen, in der Leber, sondern im Herzen entspringen.

Hatte er in der ersten Auflage nur gesagt, dass die Löcher sinnlich nicht wahrnehmbar seien, so behauptete er in der zweiten[1]), sie seien garnicht vorhanden, und er könne überhaupt nicht begreifen, wie durch die Herzscheidewand auch nur die geringste Menge Blut hindurchgehen könne. Um so mehr überrascht es uns, dass er einige andere Stellen, die vom Durchschwitzen des Blutes durch dieselbe handeln, unverbessert liess. Doch giebt er selbst die Erklärung dieses Widerspruchs: Er wisse wohl, dass die Galen'sche Theorie nicht richtig sei, aber er getraue sich noch nicht eine andere an deren Stelle zu setzen, auch wolle er nicht auf eigne Hand die alte Lehre reformiren[2]).

---

[1]) Andreae Vesalii Bruxelliensis, invictissimi Caroli V. Imperatoris medici, de Humani corporis fabrica Libri septem. Basileae 1555. [2]) L. VI. c. 15. p. 746.

„In cordis itaque constructionis ratione ipsiusque partium usu recensendis, magna ex parte Galeni dogmatibus sermonem accommodavi: non sane, quod undique haec veritati consona existimem, verum quod in novo passim partium usu officioque referendis, adhuc mihi diffidam, neque ita pridem de medicorum principis Galeni sententia vel latum unguem hic declinare ausus sum. Haud enim leviter studiosis expediendum est ventriculorum cordis interstitium, aut septum, ipsumve sinistri ventriculi dextrum latus, quod aeque crassum compactumque ac densum est, atque reliqua cordis pars, sinistrum ventriculum complectens, adeo ut ignorem [quicquid etiam de foveis hac in sede commenter, et venae portae ex ventriculo suctionis non sim immemor] *qui per septi illius substantiam ex dextro ventriculo in sinistrum vel minimum quid sanguinis assumi possit*: praecipue cum tam patentibus orificiis vasa cordis in suorum ventriculorum amplitudinem dehiscant: ut modo taceam verum venae cavae ex corde progressum." Er hebt hervor, dass die Meinung, die Arterien seien zur Abkühlung da, wofür das Zusammenlaufen von Arterien und Venen als Beweis gelte, sich schwer damit vereinigen lasse, dass die Pfortader allein läuft und die Unterleibsorgane so grosse Arterien erhalten; er macht darauf aufmerksam, dass zwischen Arterien und Venen ein „fluxus et refluxus" stattfinde, ohne dass sich eine Verschiedenheit ihres Inhaltes an Gewicht bemerken lasse. Er deutet an, dass die Vorhöfe nicht den Zweck haben die Gefässe zu stützen, wie Galen meinte, sondern einen „ganz anderen"; dass die verschiedene

Dicke der Wände der Herzkammern einen anderen Grund habe als den der verschiedenen Schwere ihres Inhaltes; und fährt dann fort: „Quinimo alia haud panca undique; hic sese proponunt, quae vulgata Anatomicorum placita in dubium vocant quae quia omnia referre longius esset, ipseque nihil privatim innovare [cum simul in omnibus mihi haudquaquam satisfaciam] modo statuerim, ..." —

Wir haben so eingehend von Vesal gesprochen, um zu zeigen, wie wenig erschöpfend Flourens[1]) seine Bedeutung für die Entdeckung des Blutkreislaufes kennzeichnet, wenn er sagt, dass er die Undurchgängigkeit der Herzscheidewand gezeigt habe; und um zu beweisen, wie wenig Ceradinis[2]) Urtheil der Wahrheit entspricht, „Vesals Begriffe bezüglich des Uebertritts des Bluts aus dem rechten in das linke Herz seien nicht im geringsten besser als die Mundinos oder Berengars". In der That, Vesal trug Galens Theorieen vor, aber kaum eine derselben ohne ein Fragezeichen; er fügte sich unter seine Autorität, aber mit dem Gefühle, dass sie wanke, er hielt an dem Durchschwitzen des Blutes durch die Herzscheidewand fest und zeigte keine Kenntnis des Lungenkreislaufes, aber er hauptsächlich ermöglichte es, dass man ihn entdeckte.

Diese Entdeckung geschah in demselben Jahrzehnt, in dem die zweite Auflage von Vesals Anatomie erschien. Die erste Beschreibung derselben findet sich

---

[1]) Flourens l. c. p. 11.
[2]) Ceradini l. c. vol. 235. p. 144.

in der von tiefer Frömmigkeit und glühender Wahrheitsliebe getragenen Schrift Servets[1] über die Wiederherstellung des Christenthums, welche ihrem Verfasser den Feuertod eintrug[2].

Miguël Servet y Reves wurde 1511 zu Tudela in Navarra geboren. Sein Vater, nach dessen Stammschloss Villanueva in Arragonien er den Namen Villanovanus annahm, bestimmte ihn für das juristische Studium, seine Neigung aber zog ihn zur Theologie; und obwohl er später Medicin studirte und über ein Jahrzehnt als practischer Arzt in Vienne thätig war, so hat er doch nie aufgehört, Theologe zu sein. Durch seinen Kampf gegen die kirchliche Lehre der Dreieinigkeit machte er sich Katholiken wie Protestanten zu Feinden, und während jene sein Bild, haben diese unter Führung Johann Calvins ihn selbst am 27. October 1553 zu Genf verbrannt.

Servet, welcher in Paris Assistent des alten Winther von Andernach gewesen war, dessen Anatomie Haller[3]

---

[1] Christianismi restitutio, totius Ecclesiae apostolicae ad sua limina vocatio, in integrum restituta cognitione Dei, fidei Christi, iustificationis nostrae, regenerationis baptismi et coenae domini manducationis; Restituto denique nobis regno coelesto, Babilonis impiae captivitate soluta, et Antichristo cum suis penitus destructo. Viennae Allobrogum 1553. Mir hat das Exemplar nicht vorgelegen. Die physiologisch bedeutsame Stelle ist abgedruckt bei Flourens l. c. p. 202—214; deutsch bei Tollin p. 1—19.

[2] H. Tollin, die Entdeckung des Blutkreislaufs durch Michael Servet. Jena 1876.

[3] Haller l. c. I. p. 174.

ein „Compendium Galeni" nennt, stimmt in den meisten physiologischen Fragen mit dem Anatomen von Pergamus überein. So lehrt auch er, dass das in der Leber entstehende Blut durch die Hohlvene in centrifugaler Richtung in den Körper und das Herz als den Sitz der Wärme sich begiebt; dass dort der Lebensgeist durch die Mischung des feinsten Blutes mit der eingeathmeten Luft entsteht. Aber er leugnet, dass dieses Blut durch die Herzscheidewand aus der rechten in die linke Kammer gelangt, und verlegt den Haupttheil dieser Mischung aus dem Herzen in die Lunge. Nachdem das Blut dort seine hellrothe Farbe erlangt hat, wird es durch die Lungenvene zum linken Herzen geführt. Als Beweis gilt ihm die „coniunctio varia et communicatio venae arteriosae cum arteria venosa in pulmonibus" und die Weite der Lungenarterie, welche zu gross sei, um blos als Ernährerin der Lunge dienen zu können. Dafür spricht ihm auch der Wechsel des Blutlaufs, der im Augenblick der Geburt eintritt und eine reichlichere Versorgung der Lunge mit Blut bedingt.

Wir sehen bei Servet zum ersten Male die Lunge als Allgemeinorgan aufgefasst, die Athmung in einem unserer Auffassung nahe kommenden Sinne gedeutet, die Klappen als schlussfähig betrachtet, und damit war der kleine Kreislauf entdeckt.

Freilich gab Servet die alte Lehre nicht ganz auf. So entschieden er die Durchgängigkeit der Herzscheidewand leugnete: „Demum paries ille medius cum sit vasorum et facultatum expers, non est aptus ad com-

municationem et elaborationem illam", so fügte er doch
noch zweifelnd hinzu: „licet aliquid resudare possit";
so bestimmt er die Reinigung des Blutes in die Lunge
verlegte, so gab er doch auch die alte Meinung nicht
auf, nach der aus dem rechten Herzen „purissimus et
subtilissimus sanguis" sich dorthin begiebt; und auch
er nahm ausser der Lungenathmung noch eine durch
die Nase und die Siebbeine in den Hirnhöhlen stattfindende an.

Wenn Hecker behauptet, dass der unglückliche
Servet „eine ganz vollständige Ansicht nicht nur vom
kleinen sondern auch vom grossen Kreislaufe giebt",
so müssen wir hervorheben, dass von einem rück-
läufigen Strome des Blutes in den Venen, von einem
Uebertritt desselben aus Arterien in Venen ausser in
der Lunge bei ihm sich ebenso wenig findet wie bei
Galen. Zwar will Tollin dies in folgenden Sätzen angedeutet finden: „Vitalis est spiritus, qui per anastomosin ab arteriis venis communicatur, in quibus dicitur
naturalis. Primus [spiritus] ergo est sanguis, cuius sedes
est in hepate et corporis venis". Den Uebertritt von
Lebensgeist aus den Arterien in die Venen hatte ja
schon Galen gelehrt, und dass auch Servet unter den
„Spiritus" wirkliche Geister sich dachte, lehrt eine
Stelle, in der er sagt, dass Verstandesschärfe und Güte
des Gemüthes nur besteht, wenn der Seelengeist, der
gute und lichtvolle Geist, in den Gefässen des Hirnes
wohnt, während höllische Wuthausbrüche entstehen,
wenn ein finsterer und arger Geist sich hineindrängt,
der, mit der eingeathmeten Luft aus- und einschreitend,

für gewöhnlich seinen Sitz in den Abgründen der Wasser und in den Hirnhöhlen hat.

Auch hielt Servet die Nerven für Gefässe, wodurch allein schon der grosse Kreislauf unmöglich wird. Schon die Hippocratiker hatten zwischen ihnen nicht deutlich unterschieden; Aristoteles[1]) nannte die Nerven πόροι τοῦ ἐγκεφάλου; Erasistratus erklärte Lähmungen aus der Verirrung klebriger Feuchtigkeit in die Höhlen der Nerven; Herophilus und seine Anhänger sahen nur die Sehnerven für hohl an. Servet dagegen beschrieb einen förmlichen Uebergang von Arterien in Nerven im Gehirn, den er ganz auf dieselbe Stelle stellt wie den von Arterien und Venen in der Lunge und den der Pfortader und der Hohlvene in der Leber.

Die zweite Beschreibung des kleinen Kreislaufs erschien in dem Lehrbuche der Anatomie Colombos. Matteo Realdo Colombo[2]) aus Cremona war Vesals Schüler und Prosector, seit 1544 sein Nachfolger in Padua; von 1546—48 war er Professor der Anatomie in Pisa und starb 1559 als Professor und päpstlicher Leibarzt in Rom.

Bei ihm sind die beiden Gefässsysteme womöglich noch getrennter als bei Galen. Die Hohlvene, die auch bei ihm am Herzen nur vorbeizieht, führt das in der Leber bereitete Blut in centrifugaler Richtung[3]) in den

---

[1]) Aristoteles Historia animalium III. 5.

[2]) Realdi Columbi Cremonensis, in almo gymnasio Romano Anatomici celeberrimi de re Anatomica libri XV. Francofurti 1593. 8. Erste Ausgabe: Venetiis 1559. f.

[3]) L. VI. p. 302. 305.

Körper und die rechte Herzkammer; die Pfortader dient dem doppelten Zweck, Chylus aus dem Darme zur Leber und Blut aus dieser zu den Unterleibsorganen zu führen. Die „Vena arteriosa[1])" als Fortsetzung der Hohlvene soll auch in der Leber entspringen. Das Herz ist Sitz der Wärme und Ursprung aller Arterien, aber kein Muskel, „quamvis divinus Hippocrates in libro de corde ipsum musculum esse dicere non erubuerit[2])." Die verschiedene Dicke der beiden Herzkammern wird erklärt wie bei Galen.

Dagegen leugnet er die Durchgängigkeit der Herzscheidewand, ohne Vesal, und trägt den Lungenkreislauf vor, ohne Servet zu citiren[3]). „Inter hos ventriculos septum adest, per quod fere omnes existimant sanguini a dextro ventriculo ad sinistrum aditum patefieri: id ut fiat facilius, in transitu ob vitalium spirituum generationem tenuem reddi: sed longe errant via: nam sanguis per arteriosam venam ad pulmonem fertur, ibique attenuatur: deinde cum aëre una per arteriam venalem ad sinistrum cordis ventriculum defertur: quod nemo hactenus aut animadvertit, aut scriptum reliquit: licet maxime ab omnibus sit animadvertendum."

Ceradini sagt, Servet und Colombo hätten den kleinen Kreislauf nur behauptet und nicht bewiesen. Die drei Gründe, welche Servet anführte, die grosse Weite der Lungenarterie, die mannichfache Verbindung derselben mit der Lungenvene, die Aenderung des Blut-

---
[1] L. VII. p. 322.
[2] L. VII. p. 325.
[3] L. VII. p. 326.

laufs mit der Geburt, scheinen jedoch genügend beweisend zu sein. Auch Colombo hob die zu grosse Weite der Lungenarterie hervor und fügte hinzu, dass man bei Vivisectionen beide Herzkammern mit Blut und nicht mit Luft gefüllt findet. Servet und Colombo legten ausserdem grosses Gewicht auf die Schlussfähigkeit der Herzklappen[1]). Wir theilen daher Ceradinis Meinung nicht, dass erst Aranzio den kleinen Kreislauf bewiesen hat. Wer Servets und Colombos Gründen die Beweisfähigkeit abspricht, kann sie auch denen Aranzios[2]) nicht zugestehen. Denn wenn er sagt, dass er sich nicht denken könne, wie „in der kurzen Zeit der Systole der grösste Theil des in der rechten Kammer enthaltenen Blutes die unsichtbaren Poren eines so dichten Gewebes wie das der Herzscheidewand ist, passiren sollte", so kann ihn der Anhänger Galens darauf aufmerksam machen, dass da, wo im Tode kaum sichtbare Poren sind, während des Lebens weite Löcher sich finden; wenn er sagt, dass er sich nicht denken könne, wie das dicke Blut aus der rechten in die linke und nicht vielmehr der leichte Lebensgeist aus der linken in die rechte Kammer durch die Poren gehen sollte, so kann der Galenist sagen, dass allerdings beides stattfindet ganz so wie in der Anastomose zwischen Arterien und Venen; wenn er schliesslich hervorhebt, dass die Kranzvenen einen anderen Ernährungsweg für die Herzscheidewand über-

---

[1]) Ceradini l. c. vol. 235. p. 182.
[2]) C. J. Arantius, Observationes anatomicae. Venet. 1587. 4. c. 23.

flüssig machen, so kann der Zweifler entgegnen, dass daraus für die Poren garnichts folgt. Ceradini[1]) behauptet, „dass die Wichtigkeit nicht der Entdeckung sondern der Behauptung des Colombo bezüglich der Undurchgängigkeit der Herzscheidewand bedeutend überschätzt worden ist", und spricht ihr jeden Werth für die Entdeckung des Blutkreislaufes ab[2]). Sollte diese Behauptung wohl darin begründet sein, dass auch noch Cesalpino, der doch den grossen Kreislauf entdeckt haben soll, das Durchschwitzen von Blut durch die Scheidewand annahm? Denn das ist doch gewiss nicht zu leugnen, dass die Erkenntnis, dass der von allen Alten angenommene Weg für das Blut aus der rechten in die linke Kammer nicht existire, den Eifer schüren müsste einen neuen zu finden; und dass die allgemeine Annahme dieses neu gefundenen erst geschehen konnte, als die Ueberzeugung von der Undurchgängigkeit der Herzscheidewand allgemein wurde.

Während Ceradini behauptet, dass „neben alle den anderen auch Servet und Colombo nicht den entferntesten Gedanken des Blutkreislaufes hatten", behauptet Hecker[3]), „Columbus blieb nicht blos beim kleinen Kreislaufe stehen, sondern beschrieb auch den grossen durchaus lichtvoll und überzeugend, ohne dass hier eine künstliche Auslegung seiner Worte zu Hilfe zu nehmen wäre." Indessen müssen wir aus denselben Gründen

---
[1]) Ceradini l. c. vol. 235. p. 159.
[2]) Ceradini l. c. vol. 235. p. 189.
[3]) J. F. C. Hecker l. c. p. 25.

wie Servet auch Colombo die Kenntnis des grossen Kreislaufes absprechen. Der centrifugale Strom des Blutes in den Venen, der Uebertritt desselben aus den letzteren in die Arterien durch Anastomose, das Fehlen jeder Andeutung der Rückkehr des Blutes zum Herzen schliessen jeden Gedanken an den grossen Kreislauf aus.

Servets Buch erschien 1553, Colombos 1559. Der kurze Zeitraum von sechs Jahren legt den Gedanken an eine Beziehung zwischen beiden ausserordentlich nahe.

Haller[1]) behauptete, ohne indessen einen Grund dafür anzuführen, dass Realdo Colombo die grosse Erfindung ein wenig früher gemacht zu haben scheine. Ceradini stellt ihn geradezu als den Lehrer Servets hin und sucht diese Vermuthung durch ein künstliches Gebäude weiterer Vermuthungen wahrscheinlich zu machen.

Servet war während der letzten eilf Jahre seines Lebens practischer Arzt in Vienne. Es sei daher wahrscheinlich, dass er vor Antritt seiner practischen Thätigkeit nach Vollendung seiner medicinischen Studien in Paris nach Italien gereist sei, um sich bei seinem einstigen Mitschüler, dem damals schon berühmt gewordenen Vesal, in der Anatomie zu vervollkommnen. Da nun zu der Zeit, 1542, Vesal durch seine Beziehungen zu Carl V und die Herausgabe seines grossen Werks zu häufigen Reisen gezwungen war, so musste sein Prosector oft statt seiner die anatomischen Vor-

---

[1]) Haller l. c. I. p. 204.

lesungen übernehmen. Ihnen habe auch Servet beigewohnt, in ihnen habe er den Lungenkreislauf kennen gelernt und später als eigene Entdeckung veröffentlicht. Diese Ausführung ruht auf den Voraussetzungen, dass Colombo seine Entdeckung vor 1542 gemacht hat, und dass Servet in dem Jahre in Padua war. Ersteres ist nicht wahrscheinlich, Letzteres falsch. Tollin¹) führt an, dass Servet auf der Reise, die er 1529 gelegentlich der Krönung Carls V in Bologna im Gefolge des kaiserlichen Beichtvaters machte, laut der Vienner Processacten Padua nicht berührt hat; auch ist von einer späteren Reise des unglücklichen Spaniers nach Italien nichts bekannt geworden. Wenn Ceradini²) auf eine solche aus dem Umstande schliesst, dass Servet in der Restitutio angiebt den Papst in seinem Prunke gesehen zu haben, so sei daran erinnert, dass es Papst Clemens VII war, welcher am 24. Februar 1530 dem Kaiser in Bologna die lombardische und die römische Krone aufsetzte, gewiss die passendste Gelegenheit für Servet, einen Papst in seinem Prunke zu sehen. Damit fallen Ceradinis Hypothesen zusammen.

Verbreiteter ist die umgekehrte Ansicht, dass Colombo von Servet gelernt hat. Michéa³) nennt den Letzteren einen doppelten Märtyrer, einmal des religiösen Fanatismus, der ihm das Leben, und dann der

---
¹) Tollin l. c. p. 64.
²) Ceradini l. c. vol. 237. p. 248.
³) Michéa, Galérie des célébrités médicales de la renaissance. Gaz. méd. de Paris. 1844. T. XII. No. 36. Michel Servet. p. 569.

Unverschämtheit Colombos, die ihm den Ruhm nahmen. Lessing[1]) sagt, Colombo trug Servets Lehre als seine eigene Entdeckung vor; Zechinelli, Tollin[2]), Preyer in Jena nennen ihn einen Plagiator Servets. Senae und Hecker dagegen nehmen keine Beziehung zwischen ihnen an. Flourens[3]) sagt ausdrücklich, „ni Colombo, ni ceux, qui sont venus immédiatement après lui, n'ont pu connaître le livre de Servet", da sein Buch fast ebenso schnell verbrannt als gedruckt wurde [„brûlé presque aussitôt qu' imprimé"][4]). Zu dieser Meinung bekennen sich auch Béclard[5]), Haeser[6]) und Ceradini. Tollin[7]) dagegen sucht zu beweisen, „dass Vesal, Realdo Colombo, Valverde, Ruini, Cesalpin, Rudio, Sarpi und Harvey selbst in Abhängigkeit stehen von Servet".

Zugegeben nämlich, die Restitutio sei wirklich ebenso schnell verbrannt als gedruckt worden, so habe schon 1546 Calvin und später Melanchthon dieselbe handschriftlich vom Verfasser erhalten, soweit sie fertig war. Da derselbe nun „viele hohe Freunde und gelehrte Gönner" hatte, so sei es sehr unwahrscheinlich, dass er „nur seinen erklärten Feinden das Vertrauen

---

[1]) M. B. Lessing, Handbuch der Geschichte der Medicin. Berlin 1838. I. p. 520.
[2]) Tollin l. c. p. 39.
[3]) Flourens l. c. p. 17.
[4]) Flourens l. c. p. 133.
[5]) Béclard l. c. p. 218.
[6]) Haeser l. c. II. p. 244.
[7]) Tollin l. c. p. 33 f. 77.

der handschriftlichen Uebersendung seiner Restitutio zur Begutachtung erwiesen, seine Freunde aber ängstlich umgangen" habe. Auch hat Tollin selbst eine solche Abschrift in der Bibliothèque La Vallière in Paris gesehen, freilich nicht von Servets, sondern von des Baseler Buchhändlers Caelius Horatius Curio Hand, der sich übrigens gewiss habe angelegen sein lassen, die Restitutio zu verbreiten. Daher konnte sie, „selbst in Padua, verbreitet genug sein, um für alle Entdecker des Blutumlaufs, der ja schon im ersten Theile der Restitutio [also 1546] beschrieben war, als Same zu dienen."

Tollin giebt aber nicht zu, dass sie beinahe ebenso schnell verbrannt als gedruckt wurde. Sie wurde in Vienne in 1000 Exemplaren am 3. Januar 1553 im Druck vollendet. Davon wurden zehn Tage später fünf Ballen nach Lyon gesendet, von dort aber von den Boten des Glaubensgerichts zurückgeholt und in Vienne verbrannt. Dem Scheiterhaufen, den der unglückliche Arzt selbst bestieg, wurde nur ein gedrucktes Exemplar und ein Manuscript übergeben, so dass, wie Tollin hervorhebt, die Flecke auf dem Pariser Exemplar nicht Brandflecke vom Genfer Scheiterhaufen sein können, wie Flourens[1]) und Haeser[2]) erzählen. Ein zur Ostermesse nach Frankfurt a. M. gesendeter Posten von Exemplaren wurde auf Calvins Geheiss am 17. August daselbst verbrannt. Es sei nun „undenkbar,

---

[1]) Flourens l. c. p. 138.
[2]) Haeser l. c. II. p. 245.

bei den reichen internationalen Beziehungen des Spaniers, dass auf der Messe nicht ein Exemplar verkauft worden sei". Auch seien „sicher Frankfurt und Lyon nicht die einzigen Städte, wohin Servet seine Restitutio senden liess". „In Genf selber hat schon am 26. Februar 1553 Guillaume de Trie ein vollständig gedrucktes Exemplar in Händen." Und sollte nach Venedig und Padua keins geschickt worden sein, die sich durch Interesse für Servet besonders auszeichneten? „Was Wunder nun, dass alle, die nach 1553 bis auf Harvey vom Blutumlaufe sprechen, Italiener sind und mit Padua in Beziehung stehen, dass Harvey, des grossen Blutumlaufs Beschreiber, erst vier Jahre in Padua studiren musste?" Mit diesen Ausführungen glaubt Tollin „die Fabel, dass Servets Werk sofort verschwunden und erst über 200 Jahre nach seinem Erscheinen verbreitet worden sei, abgethan" zu haben.

Wir können uns dieser Meinung nicht anschliessen. Dass Servet Manuscripte auch an andere Gelehrte ausser Calvin und Melanchthon sendete, ist ja möglich, obwohl ihm hauptsächlich daran liegen musste die zu gewinnen, die selbst als Reformatoren auftraten. Ebenso wenig können wir Tollins Annahme widerlegen, dass auch nach anderen Städten ausser Frankfurt und Lyon Exemplare gesendet, und dass auf der Messe welche verkauft wurden. Zieht man jedoch die fünf Ballen von Lyon, den Posten von Frankfurt und die beiden erwähnten Exemplare von tausend ab, so bleiben nicht viele übrig. Dazu kommt, dass die Geistlichkeit, welche damals den gewaltigsten Einfluss hatte, gewiss kein

Mittel unversucht liess, die etwa noch übrigen Exemplare eines von Katholiken wie Protestanten gleich heftig gehassten Buches möglichst unschädlich zu machen. Auch haben sich nur zwei bis heut erhalten, eins in Paris und eins in Wien; die Besitzer des ersteren kann man zurück verfolgen bis Colladon, einem der Ankläger Servets, und die Stockflecke, die es zeigt, sind ein sprechender Zeuge für die Aengstlichkeit, mit der es verborgen gehalten werden musste. Dazu kommt, dass in der ganzen gelehrten Literatur des 16. und 17. Jahrhunderts keine unzweideutige Anspielung auf die Restitutio und die darin enthaltene Beschreibung des Lungenkreislaufs vorkommt. Freilich findet Tollin eine solche in einem Briefe des Baseler Arztes P. Monavius an Crato von Kraftheim, indem er ihm 1576 aus Padua mittheilte, dass der Italiener Pigafetta 1574 in Heidelberg die Durchgängigkeit der Herzscheidewand geleugnet habe, und dann fortfuhr: „Se, dum certius aliquid ipse experiatur, Hispano enidam sectionis perito, cuius nunc nomen non occurrit, assentiri malle, a quo illud proditum sit, per longissimas ambages et circuitus sanguinem, in dextro cordis ventriculo praeparatum, in sinistrum per pulmones duci, ut quidem ego conicio, venae arterialis ramorum ope et ministerio." Ist hier Servet gemeint, was gewiss möglich ist, so beweist die ungenaue Wiedergabe seiner Lehre und der fast sagenhafte Ton der Mittheilung, wie wenig man in Padua von ihm wusste. Freilich sagt Tollin, diese Ausdrucksweise und besonders die Phrase „cuius nunc nomen non occurrit" seien nur ein

Zeichen der durch die Gefahr gebotenen Vorsicht, da man zu jener Zeit nicht wagen durfte seine Kenntnis an den Werken eines Ketzers zu verrathen; der Adressat habe sehr wohl gewusst, wer gemeint sei. Indessen nannte derselbe Crato 1582 den Servet ganz offen als Verfasser des Buchs über die Syrupe; ausserdem konnte Monavius' Andeutung in seinem Briefe nur für Jemanden Werth haben, der das, was sie besagt, nicht schon weiss. Wen Monavius wirklich gemeint hat, wer will es entscheiden? Jedenfalls verschwieg er den Namen nicht deshalb, weil Crato ihn kannte, sondern weil er ihn nicht wusste.

Ceradini vermuthet, dass mit dem Spanier Valverde gemeint sei. Juan Valverde de Hamusco aus Castilla la Viega, Colombos Schüler, gab 1556 eine spanische Anatomie heraus, die, im wesentlichen aus Vesal und Colombo entlehnt, auch die Beschreibung des Lungenkreislaufes enthält. Tollins Behauptung, dass Valverde nicht gemeint sein könne, weil er nicht entschieden genug spreche, sondern noch zulasse, dass Blut durch die Herzscheidewand durchschwitzt, weil er ausserdem kein „Hispanus sectionis peritus" war, sondern nach des Carcanus und Vesals Zeugnis „corpora humana non incidit," ist gewiss nicht richtig. Valverde sagt: „. . . . sanguini permixtus, qui a dextro ventriculo in sinistrum permeat, si quid tamen ipsius permeat; mihi enim nunquam hactenus videre contigit, qua perduci queat." Servet sagt: „licet aliquid resudare possit." Die Entschiedenheit ist also nicht geringer bei Valverde als bei Servet. Und was Valverdes Sectionstechnik betrifft, so sagt er selbst: „Aber wenn sie dies durch die Erfahrung erprobt hätten [wie ich es oftmals mit Realdo so an lebenden wie an todten Thieren gethan habe] . . . . ." Schliesslich sei daran erinnert, dass auch Vasseus, der ebenfalls, allerdings mit Unrecht, als Entdecker des Kreislaufs genannt worden ist, ein Spanier war. Wen von diesen dreien Monavius gemeint hat, kann nicht festgestellt werden.

Alle anderen von Tollin für Servet angeführten Zeugnisse fallen in die Zeit nach 1711, wo Dr. Mead, einer der früheren Besitzer des Pariser Exemplars der Restitutio, in London einen Nachdruck desselben versuchte. Obwohl derselbe auf Geheiss der Londoner Geistlichkeit alsbald vernichtet wurde, so wurde das Buch doch nun bekannt und erreichte alsbald eine „vorher nie möglich gewesene Verbreitung."

Wenn Tollin darin, dass die meisten von denen, die in der Frage des Blutkreislaufes einen Namen haben, mit Padua in Beziehung stehen, einen Beweis dafür sieht, dass sie Servets Restitutio gelesen haben, so scheint ihm entgangen zu sein, dass Italien die Hauptpflanzstätte der Anatomie und Padua im Beginne der neueren Zeit eine der bedeutendsten medicinischen Facultäten war.

Unter denen, die von Servet abhängig sein sollen, zählt Tollin auch Vesal auf. Allerdings steht die berühmte Stelle, in der er den Durchtritt irgend welcher Flüssigkeit durch die Herzscheidewand leugnet, erst in der zweiten Auflage seines Werks, die zwei Jahre nach Servets Restitutio erschien, aber wir sahen, dass schon in der ersten die Abwesenheit von Löchern behauptet wurde. Darin einen Einfluss Servets auf Vesal während ihrer gemeinsamen Studienzeit in Paris zu sehen, wie es Tollin thut, ist nicht zulässig, da Servet 1537 in seinem Buche über die Syrupe noch vollständiger Galenist war, da ausserdem in anatomischen Dingen ein Einfluss des später so berühmten Anatomen auf den früheren Theologen viel wahrscheinlicher ist. Ist es ausserdem so unglaublich, dass Vesal von 1543 bis 1555 seine Ansichten selbständig weiterbilden konnte? Musste er dazu erst Servets Buch lesen? Er, der vom Lungenkreislaufe nichts, dagegen eine Anzahl Zweifel vorträgt, die viel weiter gehen als Servets?

Noch unglaublicher ist Tollins[1]) Meinung, Aranzio habe von Servet gelernt. Letzterer habe sich nämlich vom 5. Nov. 1529 bis zum 22. März 1530 in Bologna aufgehalten und dort „ein dauerndes Interesse für sich und seine Schriften hinterlassen." Aranzio aber, der 1530 in Bologna geboren wurde und später daselbst 33 Jahre lang Anatomie vortrug, habe in Servets Restitutio „über die Differenzen der Herzbildung beim Foetus und beim Erwachsenen vieles Neue und Anregende finden" müssen, auch habe er Colombo öffentlich gering geschätzt. Allein welches Interesse konnte ein kaum 19jähriger Page, der im Gefolge des zur Krönung ziehenden Kaisers verschwinden musste, in einer grossen Stadt für sich und seine Werke hinter-

---

[1]) Tollin l. c. p. 78. 79.

lassen, deren erstes 1531 erschien? Und was beweist Aranzios Geringschätzung Colombos für seine Kenntnis der Restitutio? Ganz abgesehen davon, dass Servets Ideen vom Foetalleben der schwächste Theil seiner Pysiologie sind.

Tollin gehört zu den ersten Servetkennern unter den Lebenden und hat sich, wenn man aus seinen innerhalb drei Jahren erschienenen 21 Schriften über Servet[1]) und seine Zeit urtheilen darf, dessen Wiederherstellung zur Lebensaufgabe gemacht. Wer einige dieser Schriften gelesen hat, begreift seine Begeisterung für diesen Märtyrer der Gewissensfreiheit und theilt seine Bewunderung für den Geist, die Vielseitigkeit und die Wahrheitsliebe des unglücklichen Spaniers. Aber durch dieses berechtigte und schöne Gefühl darf sich der Geschichtsforscher nicht von der Anerkennung der historischen Wahrheit zurücktreiben lassen, er muss die Losung im Auge behalten: „Amicus Plato, sed magis amica veritas." Bis jetzt ist die Meinung noch nicht widerlegt, dass Servets Restitutio zu schnell vernichtet wurde, als dass sie auf den Gang unserer Wissenschaft hätte einwirken können. Wir betrachten daher Colombo ebenso wenig als Plagiator Servets, als wir zugeben, dass Servet von Colombo gelernt hat.

Man hätte nun meinen sollen, dass nach dem Jahre 1559 die Lehre vom kleinen Kreislaufe allgemeine Anerkennung gefunden hätte. Allein noch bei Harveys

---

[1]) Zusammengestellt in H. Tollin, das Lehrsystem Michael Servets genetisch dargestellt. 2 Bd. Gütersloh 1876.

berühmtem Lehrer Fabricius ab Aquapendente finden wir nichts davon; noch 1649 leugnete Riolan die Möglichkeit desselben; und 1643 stellte Licetus allen Ernstes die Lehre auf, dass der Uebertritt des Blutes aus der rechten in die linke Herzkammer weder durch die Lungen noch durch Anastomosis noch durch die Herzscheidewand sondern durch die Kranzgefässe stattfinde, während er einen doppelten Kreislauf, einen im Arterien- und einen im Venensystem beschrieb. So wenig wahr ist Ceradinis[1]) Behauptung, dass der Lungenkreislauf seit Galen angenommen war, „wenn auch in beschränktem Maasse und unter anderem Namen." Vielmehr fand der kleine erst durch den grossen allgemeine Anerkennung.

Da es unsere Absicht nicht ist, eine vollständige Geschichte der Entdeckung des Blutkreislaufes zu geben, so verzichten wir darauf Alle, welche im Laufe der Zeit als Entdecker des Kreislaufes aufgestellt worden sind, eingehend zu besprechen. Der Bischof Nemesius von Emesa, der im vierten, der spanische Anatom Vasseus und der Züricher Geburtshelfer Rueff, die im sechszehnten Jahrhundert lebten, trugen Galenische Lehren vor. Der spanische Thierarzt de la Reyna[2]) wies 1532 in seiner Schrift über Rossheilkunde darauf hin, dass bei der Unterbindung von Venen das Blut aus einem Schnitt unterhalb der Aderlassbinde hervorquillt, aber er erklärte diese Erscheinung durch die

---

[1]) Ceradini l. c. vol. 235. p. 41.
[2]) Ceradini l. c. vol. 235. p. 140.

Annahme eines centrifugalen Blutlaufes in den äusseren und eines centripetalen in den inneren Venen. Aranzio ist nach dem Urtheile Senacs[1]) ein „copiste déguisé de Realdus Columbus" und ist über diesen nicht hinausgegangen. Der italienische Thierarzt Carlo Ruini, dem zu Ehren der Professor Ereolani an der chirurgischen Veterinärklinik zu Bologna eine prunkhafte Inschrift anbringen liess als demjenigen, „che... primo rivelò la eireolazione del sangue", hat, wie de Renzi und Ceradini nachweisen, ganze Abschnitte fast wörtlich, zuweilen nur mit Umstellung einiger Sätze und Veränderung characteristischer Ausdrücke aus Valverdes oben citirtem Werke herübergenommen. Trotzdem ist das, was er über die Lungengefässe vorträgt, so abgefasst, als hätte sich noch Niemand gegen die Galenischen Theoricen erhoben; und von einem centripetalen Blutlaufe ausser in dem zwischen Leber und Herz liegenden Stücke der Hohlvene lehrt er nichts.

Ebenso wenig gerechtfertigt ist es, Eustachio Rudio[2]), der bis zu seinem Tode 1611, also während Harveys Studienzeit in Padua, daselbst Professor war, als Entdecker hinzustellen, da das, was er lehrte, von Colombo nicht abwich.

Wichtiger als die Genannten ist der Forscher, zu dem wir nunmehr kommen, und den neuerdings Ceradini wieder als Entdecker des grossen Kreislaufes proclamirt hat.

---

[1]) Senac l. c. Tom. II. p. 19.
[2]) Ceradini l. c. vol. 235. p. 208. — Haeser l. c. II. p. 251.

Andrea Cesalpino[1]), geboren 1519 zu Arezzo, studirte Medicin und Philosophie in Pisa, wo er nach Calvi 1555, nach Ceradini am 20. März 1551 zum Doctor promovirt wurde. Im Jahre 1555 wurde er Lector der Heilkräuterlehre und Director des botanischen Gartens zu Pisa, dem er mit Unterbrechungen bis 1583 vorstand. In dieser Zeit las er auch über practische Heilkunde, bis er im Jahre 1592 als päpstlicher Leibarzt und Professor nach Rom berufen wurde, wo er 1603 starb. Sein Lieblingsstudium war das der Philosophie, und er galt als ein so ausgezeichneter Kenner des peripatetischen Systems, dass man ihn frühzeitig „Aristoteles redivivus" und „papa philosophorum" nannte. In der Geschichte der Botanik wird sein Name nicht weniger rühmend genannt wegen seines Versuches, ein natürliches Pflanzensystem aufzustellen.

Im Jahre 1571[2]) erschienen seine peripatetischen Untersuchungen, in denen er die Ansichten des Aristoteles gegen die Scholastiker verfocht. Ceradini[3]) widmet der Physiologie des Aristoteles eine eingehende Betrachtung, damit man sehe, wie weit derselbe von der Kenntnis des Kreislaufes entfernt war, und behauptet,

---

[1]) Ceradini l. c. vol. 235. p. 496 sq. — Haeser l. c. II. p. 12. 248 sq.

[2]) Andreae Caesalpini Aretini medici clarissimi atque philosophi subtilissimi felicissimique Peripateticarum Quaestionum Libri V. Venetiis apud Juntas 1571. 2. Aufl. 1593. Wir citiren letztere.

[3]) Ceradini l. c. vol. 235. p. 527.

Cesalpino hätte seine neue Lehre von der Circulation nur deshalb unter der peripatetischen Maske vorgetragen, damit sie bei den Zeitgenossen leichteren Eingang fände, während er in Wahrheit auf Galens Schultern stände, den zu bekämpfen er sich den Anschein gäbe. Welcher Vorwurf für Cesalpino in dieser Vermuthung liegt, scheint Ceradini nicht zu ahnen.

Aristoteles[1]) betrachtete das Herz, den Sitz der eingeborenen Wärme und der Empfindung, als Mittelpunkt des Körpers, von dem Arterien, Venen und Nerven entspringen. Arterien und Venen führen denselben Namen φλέβες, die Nerven sind Gefässe, πόροι τοῦ ἐγκεφάλου, werden aber auch von den Sehnen nicht deutlich abgegrenzt. Im Herzen, welches drei Kammern hat, findet die Umwandlung des aus dem Darmkanal kommenden unvollkommenen Blutes, ἰχώρ, durch die Wärme in edles Blut statt, das von dort durch Arterien und Venen in den Körper sich begiebt. Im Herzen entstehen auch die thierischen Geister. Die Athmung dient zur Abkühlung. Diese Ansichten des Aristoteles finden wir bei Cesalpini wieder.

Den grossen Kreislauf aber findet Ceradini in folgenden Sätzen Cesalpinos. „Fugit enim[2]) sanguis ad cor tanquam ad suum principium, non ad hepar aut cerebrum; quod si cor principium est sanguinis, venarum quoque et arteriarum principium esse necesse est; vasa enim haec sanguini sunt destinata". „Motus[3]) autem

---
[1]) Haeser l. c. I. p. 219 sq.
[2]) Quaest. perip. Lib. V. Qu. III. p. 116a.
[3]) Quaest. perip. Lib. V. Qu. IV. p. 123a.

continuus a corde in omnes corporis partes agitur, quia continua est spiritus generatio, qui sua amplificatione diffundi celerrime in omnes corporis partes aptus est, simul autem alimentum nutritivum fert, et auctivum ex venis elicit per osculorum communionem, quam Graeci Anastomosin vocant." Gestützt auf diese beiden Sätze Cesalpinos und auf seine genaue Beschreibung der Herzklappen, sagt Ceradini[1]): „Wenn diese Klappen einen Zugang zum Herzen nur durch die Hohlvene gestatten, wenn aus der rechten Kammer das Blut in die linke geht; wenn die linke es bei ihrer Zusammenziehung den Arterien mittheilt, wenn es aus den Arterien in die Venen gehen kann; und wenn schliesslich das Blut „zum Herzen als zu seinem Anfange fliebt", so begreift man, dass daraus nothwendig sein Kreislauf hervorgehen muss."

Die erste dieser Stellen wird jedoch gleich ein anderes Licht auf Cesalpinos Ansichten vom Kreislaufe werfen, wenn wir sie im Zusammenhange betrachten. Unmittelbar vor derselben heisst es: „Significant et passiones quae contingunt circa metum, fugit enim etc." und nachher heisst es weiter: „Ut igitur rivuli ex fonte aquam hauriunt, sic venae et arteriae ex corde." Cesalpino will nämlich beweisen, dass nicht Leber oder Gehirn Sitz der Blutbereitung ist, sondern das Herz; dazu dient ihm auch das eigenthümliche Gefühl von Beklemmung in der Herzgegend in Augenblicken des Affects, das er sich durch ein Zurückströmen des

---

[1]) Ceradini l. c. vol. 235. p. 523.

Blutes zum Herzen, offenbar in Arterien und Venen, entstehend denkt. Er spricht also nicht von einer beständigen Rückkehr des Blutes durch die Venen, wie Ceradini uns glauben machen will, sondern von einer pathologischen in Arterien und Venen im Affect. Dass er den Blutlauf in beiden Gefässsystemen unter normalen Verhältnissen für centrifugal hielt, lehrt der Vergleich derselben mit Bächen, die aus dem Herzen als ihrer Quelle entspringen.

In der zweiten von Ceradini citirten Stelle ist von der Anastomose zwischen Arterien und Venen die Rede. Der anonyme Verfasser einer Biographie Harveys, welche einer von der Londoner Societät veranstalteten Gesammtausgabe vorgedruckt ist, benutzt sie, um zu beweisen, dass Cesalpino den Kreislauf nicht kannte; die Worte: „auctivum ex venis elicit per osculorum communionem" drücken ja auch in der That einen Uebertritt des Blutes aus den Venen in die Arterien und nicht den in umgekehrter Richtung aus, wie er beim Kreislauf stattfindet. Allein Ceradini beschuldigt den Anonymus wegen dieser durchaus richtigen Auslegung der mala fides! Hier soll nach seiner Meinung garnicht von der Anastomose im Verlaufe der Gefässe die Rede sein, sondern vom Uebertritt des Blutes aus den Venen in die Arterien, der im Herzen stattfindet. Als Beweis dafür soll folgende Stelle dienen[1]). „Conclusit igitur optime natura aetheream faculam in cordis ventriculis, denso circumposito corpore, cui ad effluxum

---

[1]) Quaest. perip. Lib. V. Quaest. IV. p. 125a.

paravit canales duplici tunica optime munitos, ne prius efflaret, quam naturae opera, quorum gratia data est, perfecisset. Quoniam autem animalium robur in mediocri quadam partium tensione consistit, si quidem extrema vasorum oscula ampliora fuissent, liberius quidem ignis efflueret, sed vasa laxa nimis forent: ut contingit iis qui in balneo calido diutius morantes resolvuntur. Si vero angustiora essent, tensio quidem vasorum fieret, sed suffocationis periculum immineret, cum non sufficerent meatus ad ignis effluxum." Aber wo ist denn hier von einer Anastomose die Rede? Wer sagt Ceradini, dass die extrema oscula der Arterien die Anastomosen zwischen diesen und den Venen sind? Und wenn sie es wären, wo steht etwas davon, dass Blut durch dieselben aus den Arterien in die Venen geht? Hier ist offenbar von der thierischen Wärme die Rede, die sich schon Aristoteles wie Galen in den Arterien in centrifugaler Richtung strömend dachte. Auch sagt Cesalpino[1]) ausdrücklich „Cor.... est enim caliditatis fons". Allein Ceradini behauptet, „ignis" bedeute Blut, und weil hier gelehrt wird, „ignis" gehe durch die „extrema oscula" in den Körper, so sei es mala fides, jene andere Stelle, wo gelehrt wird, dass die Arterien Blut aus den Venen durch die Anastomose herauslocken, so zu verstehen, wie sie gemeint ist.

Als einen Beweis für Cesalpinos Kenntnis vom grossen Kreislaufe führt Ceradini[2]) auch den Umstand

---
[1]) Quaest. perip. Lib. V. Quaest. III. p. 115 b.
[2]) Ceradini l. c. vol. 235. p. 539.

an, dass er zuerst das Wort Circulatio gebraucht hat. Zwar weist der schon einmal citirte Anonymus darauf hin, dass Cesalpino damit den kleinen Kreislauf gemeint habe, allein Ceradini nennt diese Auslegung eine Insinuation. Die fragliche Stelle bei Cesalpino lautet folgendermaassen[1]): „Idcirco pulmo per venam arteriis similem [Lungenarterie] ex dextro cordis ventriculo fervidum hauriens sanguinem, eumque per anastomosin arteriae venali [Lungenvene] reddens, quae in sinistrum cordis ventriculum tendit, transmisso interim aëre frigido per asperae arteriae canales [Luftröhre], qui iuxta arteriam venalem protenduntur, non tamen osculis communicantes, ut putavit Galenus, solo tactu temperat. *Huic sanguinis circulationi ex dextro cordis ventriculo per pulmones in sinistrum eiusdem* optime respondent ea, quae ex dissectione apparent. Nam duo sunt vasa in dextrum ventriculum desinentia, duo etiam in sinistrum: Duorum autem unum intromittit tantum, alterum educit, membranis eo ingenio constitutis. Vas igitur intromittens vena est magna quidem in dextro, quae Cava appellatur: parva autem in sinistro ex pulmone introducens, cuius unica est tunica ut caeterarum venarum. Vas autem educens arteria est magna quidem in sinistro, quae aorta appellatur, parva autem in dextro, ad pulmones derivans, cuius similiter duae sunt tunicae ut in caeteris arteriis."

Jeder vorurtheilsfreie Leser muss dem anonymen Biographen zustimmen, dass hier mit der „circulatio"

---

[1]) Quaest. perip. Lib. V. Qu. IV. p. 125 b.

der Lungenkreislauf gemeint ist. Wenn Ceradini dagegen eine andere Stelle Cesalpinos anführt, in der er den Kreislauf als eine beständige Bewegung von einem Punkte fort und wieder zu ihm zurück definirt, was nur auf den grossen passen könne, so ignorirt er damit den allgemeinen Gebrauch, den Lauf des Blutes vom Herzen durch die Lungen zum Herzen zurück gleichfalls einen Kreislauf zu nennen.

Wie weit Cesalpino von einer Kenntnis des grossen Kreislaufes war, wird uns eine kurze Betrachtung seiner Ansichten lehren.

Cesalpino unterscheidet ein „alimentum auctivum" und ein „alimentum nutritivum". Ersteres geht aus dem Darmkanal durch die Pfortader zur Leber, von dort durch die Hohlvene theils zum Herzen, theils direct in den Körper. Aus der rechten Herzkammer geht es theils durch die Herzscheidewand in die mittlere, aus der die Aorta entspringt, und die linke, welche von der mittleren nur an der Herzbasis durch eine Scheidewand getrennt ist, theils durch die Lunge ebendahin. Nachdem es sich im Herzen in das „alimentum nutritivum" verwandelt hat, geht es zusammen mit Wärme und Lebensgeist durch die Aorta in den Körper. Die Athmung hat den Zweck die thierische Wärme abzukühlen. Sie wird nicht durch Brustkorb und Musculatur bewirkt, wie Galen sehr richtig gelehrt hatte, sondern durch die Wärme des Herzens. Indem sich die Ausdehnung, welche das Blut durch dieselbe erfährt, auf das Herz und die Lungen überträgt, entsteht der Puls und die Inspiration, da die Luft in die ausgedehnte Lunge hineinstürzt. Indem durch diese Luft die Wärme abgekühlt und das Volumen der Lunge infolge der Abkühlung verringert wird, entsteht die Exspiration. Ein Uebertritt von Luft durch die Lungenvenen in das Herz findet nicht statt. Ceradini behauptet, „der Durchgang des Blutes durch die Lungen konnte für Cesalpino gar keine Wichtigkeit haben". Allein der Zweck der Athmung, die Abkühlung der im Herzen wohnenden thierischen Wärme, konnte doch nur erreicht werden, wenn er das Blut durch die Lungen gehen liess. Wir sehen also, dass der kleine Kreislauf die allergrösste Wichtigkeit für Cesalpino hatte.

Es muss auffallen, dass Cesalpino bei Gelegenheit des Lungenkreislaufs Colombo nicht citirt, dessen Vorlesungen er höchst wahrscheinlich gehört und dessen Anatomie er ohne Zweifel gelesen haben muss. Zwar hält ihn Flourens[1]) für selbständig, weil er sonst Colombos Namen genannt hätte: „Le grand mérite est toujours probe". Ceradini, der Harvey einen schweren Vorwurf daraus macht, dass er Cesalpino nicht citirt beim grossen Kreislaufe; der ihm nachsagt, er habe sein Werk 25 Jahre nach Cesalpinos Tode veröffentlicht, „als seine Gegner keinen Beweis vorführen konnten, dass die von ihm affectirte Unkenntnis der Werke Cesalpinos erheuchelt sei[2])"; der behauptet, Harvey habe auf Riolans Hinweis auf die Priorität

---

[1]) Flourens l. c. p. 18.
[2]) Ceradini l. c. vol. 235. p. 240. 241.

Cesalpinos geschwiegen, „um einen Streit zu vermeiden, in dem er Alles oder Vieles zu verlieren und nichts zu gewinnen hatte"; derselbe Ceradini findet es ganz in der Ordnung, dass Cesalpino den Colombo nicht citirt, da dieser nur die alten Lehren als die seinigen vorgetragen habe: „der Lungenkreislauf war wenigstens so alt wie Galen[1])". Gewiss viel zutreffender ist die Meinung Ercolanis, dass Cesalpino den Kreislau nicht entdeckt hat, weil er keinen Anspruch auf die Priorität erhebt, dass er aber Colombo nicht citirte, weil Jeder wissen musste, dass dieser der Entdecker sei, wie sich denn auch Aranzio ausdrücklich auf ihn berief, und ebenso später Harvey.

Ceradini sieht als das Haupthindernis, das der Entdeckung des Blutkreislaufes entgegenstand, die Lehre von der Blutbereitung in der Leber an, welche Cesalpino beseitigt haben soll. Wir sahen, dass er allerdings die Umwandelung des alimentum auctivum in das alimentum nutritivum in das Herz verlegte und dieses als das „principium sanguinis" bezeichnete; aber das hatte schon Aristoteles gethan. Daneben liess er auch der Leber eine Art Blutbereitung zu, da sie blos zur Gallensecretion nicht da sein könne: „Datum autem tantum viseus ad separationem excrementi fellei, ut quidam putant, non est consentaneum[2])". Diese Art der Blutbereitung aber sollte sie mit den Venen theilen: „Quod autem arguit praeparationem ab hepate factam

---

[1]) Ceradini l. c. vol. 235. p. 542.
[2]) Quaest. perip. Lib. V. Qu. III. p. 118b. 119a.

perficere ipsum sanguinem, ut nutriri possit: concedimus illud genus nutrimenti factum esse, quod auctivum appellari diximus ab Aristotele, non autem illud quod nutritivum dicitur et dat esse: cam tamen praeparationem non solum in hepate fieri, sed in omnibus venis superius ex Aristotele ostendimus".

Da das Herz Mittelpunkt des Körpers ist, so leugnet Cesalpino die von Galen angenommene Vis pulsifica der Arterien [1]); Ceradini bemerkt dies nicht, während er Harvey [2]) aus demselben Umstande einen schweren Vorwurf macht. Dadurch sei die Wissenschaft Jahrhunderte lang verwirrt worden, bis es endlich den Gebrüdern Weber gelang, durch die Lehre von der Schlauchwelle diesen Irrtum zu beseitigen. Allein die durch die Elasticität der Arterienwände bewirkte Fortleitung der vom Herzen erzeugten Blutwelle ist so verschieden von der alten Annahme einer selbständigen Diastole und Systole der Arterien, dass wir Cesalpino und Harvey nur dankbar dafür sein können, dass sie sich gegen diese Theorie erhoben haben.

Unter Cesalpinos Verdiensten zählt Ceradini [3]) auch das auf, dass er zuerst die Anastomosen der Alten als Capillargefässe definirt habe. Allerdings liess er Venen und Arterien in freie „capillamenta" endigen, aber das hatte schon Servet gethan, der von „tenuissimis vasis, seu capillaribus arteriis" sprach. Dass aber die Endcapillamenta der Arterien in die der Venen übergehen,

---
[1]) Quaest. perip. Lib. V. Qu. IV. p. 123 b.
[2]) Ceradini l. c. vol. 235. p. 252.
[3]) Ceradini l. c. vol. 235. p. 522.

lehrte Cesalpino nicht; vielmehr sprach auch er noch von anastomosis im Singular, die er ganz wie Aristoteles und Galen durch „oscula" stattfinden liess, und bezeichnete das Nebeneinanderlaufen von Arterien und Venen als eine Erleichterung dieser anastomosis. In der That sind die Capillaren erst von Malpighi gefunden worden.

Cesalpino theilte übrigens den Irrthum des Aristoteles, dass die Nerven vom Herzen entspringende Gefässe seien, und liess die Blutgefässe direct in dieselben übergehen[1]). „Quemadmodum enim in hepate, licet sensui immanifestus sit nexus venae cavae cum vena portae, una tamen continua vena est: sic in cerebro continuos esse canales venarum cum nervis ostensum est, quanquam ob vasorum exiguitatem in dissectione ostendi nequeat". „. . . . fissilis est nervus secundum longitudinem: nam venulae in fibras rectas desinunt nervos constituentes".

In Cesalpinos 1583[2]) erschienenem Buche über die Pflanzen findet sich ein Satz, angesichts dessen Hecker sagt[3]): „Seine Ansicht vom Kreislaufe war eine durchaus lebendige, und seine Kenntnis desselben vollständig"; und Flourens[4]): „On ne pouvait mieux concevoir la circulation générale, ni la mieux définir dans une

---

[1]) Quaest. perip. Lib. V. Qu. III. p. 120 b. 121 a.
[2]) De Plantis Libri XVI Andreae Caesalpini Aretini Medici clarissimi doctissimique; atque Philosophi celeberrimi ac subtilissimi etc. Florentiae 1583.
[3]) J. F. C. Hecker l. c. p. 28.
[4]) Flourens l. c. p. 22.

phrase aussi courte". Dieser Satz lautet¹): „Nam in animalibus videmus alimentum per venas duei ad cor tanquam ad officinam caloris insiti, et adepta inibi ultima perfectione per arterias in universum corpus distribui agente spiritu, qui ex eodem alimento in corde gignitur". Ceradini giebt zu, dass dieser Satz ebenso gut bei Galen oder bei irgend einem anderen Anatomen hätte stehen können, der vom Kreislaufe nichts wusste, und legt darauf nur Gewicht, weil er aus dem Munde des Mannes kommt, der nach seiner Meinung zwölf Jahre früher den grossen Kreislauf beschrieben hatte und weil „per venas"· und nicht „per venam" dastehe.

Da wir gezeigt haben, dass Cesalpin 1571 den Kreislauf nicht beschrieben hat, so könnten wir uns mit Ceradinis Zugeständniss begnügen. Wir ziehen es vor, einige weitere Stellen anzuführen, die jenen bewunderten Satz erklären. Cesalpino vergleicht nämlich die Mesenterialvenen der Thiere mit den Wurzeln, die Hohlvene mit dem Stengel einer Pflanze²). „Natura enim venarum, quae alimentum ex ventre hauriunt, ut illud in universum corpus distribuant, aliqua ex parte respondere videtur eum plantarum radicibus; nam similiter hae ex terra tanquam ex ventre cui implantantur, trahunt alimentum." „in animalibus venarum radicatio in inferiori ventre est, caudex autem sursum petit ad cor et caput." Die Venen, welche in diesen Sätzen das Blut zum Herzen führen, sind dieselben,

---

¹) De plant. Lib. I. c. 2. p. 3.
²) De plant. Lib. I. c. 1. p. 1.

die auch Galen als centripetale bezeichnet hatte; das in ihnen fliessende Material gelangt aber jedesmal zum ersten Male zum Herzen, während von einer Rückkehr des in den Körper gegangenen Blutes keine Andeutung zu finden ist.

„Die grösseste Wichtigkeit für die Entdeckung des Blutkreislaufes" haben nach Ceradini[1]) die 1593 erschienenen „medicinischen Untersuchungen"[2]), in denen Cesalpino von der auffallenden Erscheinung spricht, dass die Venen unterhalb der Aderlassbinde anschwellen[3]).

„Sed illud speculatione dignum videtur, propter quid ex vinculo intumescunt venae ultra locum apprehensionis, non citra: quod experimento sciunt, qui venam secant: ... Debuisset autem opposito modo contingere, si motus sanguinis et spiritus, a visceribus fit in totum corpus: intercepto enim meatu non ultra datur progressus: tumor igitur venarum citra vinculum debuisset fieri."
Weiter unten heisst es: „Cum enim tollitur permeatio, intumescunt rivuli qua parte fluere solent." An einer anderen Stelle sagt Cesalpino, dass beim Aderlass erst dunkles, dann helles Blut hervorquillt. „Venas cum arteriis adeo copulari osculis, ut vena secta primum exeat sanguis venalis nigrior, deinde succedat arterialis flavior, ut plerumque contingit." Diese Stellen legen

---

[1]) Ceradini l. c. vol. 235. p. 513.
[2]) Andreae Caesalpini Aretini, Quaestionum Peripateticarum Lib. V. Daemonum Investigatio Peripatetica. Quaestionum Medicarum Lib. II. De Medicament. facultatibus Lib. II. Venetiis 1593.
[3]) Quaest. med. Lib. II. Qu. 17. p. 234a.

in der That den Gedanken, dass Cesalpino den grossen Kreislauf kannte, sehr nahe, und man erwartet, im Folgenden denselben als Erklärung der Aderlasserscheinungen angeführt zu finden. Statt dessen beruft er sich auf die Meinung des Aristoteles, dass die thierische Wärme in die oberen Theile aufsteigt und wie der Euripus in die tieferen zurückkehrt; giebt eine gedrängte Schilderung des Blutlaufes aus der Hohlvene durch den rechten Ventrikel, die Lungen und den linken Ventrikel in die Aorta und führt dann aus, dass Blut, Lebensgeist und Wärme während des Wachens durch die Arterien in die Nerven einströmt, während des Schlafes aber durch die Venen zum Herzen zurückkehrt. „Transit enim in somno calor nativus ex arteriis in venas per osculorum communionem, quam Anastomosin vocant, et inde ad cor." Dieser physiologisch nur während des Schlafes stattfindende Vorgang soll aber auch eintreten, wenn wie beim Aderlass der Blutlauf in den Venen behindert wird. „Ut autem sanguinis exundatio ad superiora, et retrocessus ad inferiora instar Euripi manifesta est in somno et vigilia, sic non obscurus est huiusmodi motus in quacumque parte corporis vinculum adhibeatur, aut alia ratione occludantur venae. Cum enim tollitur permeatio, intumescunt rivuli qua parte fluere solent." Und welche Erklärung giebt Cesalpino für den durch die Unterbindung erzeugten centripetalen Blutlauf in den Venen? Man höre! *„Forte recurrit eo tempore sanguis ad principium, ne intercisus exstinguatur*[1])."

---
[1]) Cf. Haeser l. c. II. p. 250.

Wem diese Erklärung nicht als Beweis dafür genügt, dass Cesalpino von einem Kreislaufe in unserem Sinne nichts wusste, der überlege sich, wie die andre Lehre des Pisaner Philosophen zum Kreislaufe stimmt[1]), nach welcher er die Nerven der einen Körperhälfte aus den Arterien der anderen hervorgehen liess, um die schon Hippocrates bekannte Thatsache zu erklären, dass Verwundungen der einen Hirnhemisphäre Krämpfe oder Lähmung der anderen erregen.

Die letzte Schrift Cesalpinos[2]) hat insofern für uns Wichtigkeit, als in ihr die „vena arteriosa" eine wirkliche Arterie und die „arteria venosa" eine wirkliche Vene genannt wird, und von einem Durchschwitzen des Blutes durch die Herzscheidewand nicht mehr die Rede ist. Ceradinis Behauptung indessen, dass hier der grosse Kreislauf nochmals vorgetragen werde, ist nicht richtig; die einzige als Beweis von ihm angeführte Stelle[3]): „ut continuus quidam motus fieret ex venis in cor et ex corde in arterias" hat nicht mehr Beweiskraft als der oben besprochene Satz aus dem Werke de plantis. Ebenso wenig können wir Ceradinis[4]) Meinung theilen, dass Cesalpino in diesem Buche seine Ansicht von dem Zwecke der Athmung berichtigt habe; der Satz[5]): „contemperatur ab aëre frigido inspirato in asperas arterias iuxta venas et arterias" ist vielmehr

---

[1]) Quaest. med. Lib. II. Qu. 10. p. 221.
[2]) Andreae Caesalpini Ars medica. Romae 1601.
[3]) Ars med. Lib. VI. c. 19.
[4]) Ceradini l. c. vol. 237. p. 86. 87.
[5]) Ars med. Lib. VI. c. 9.

ein Beweis, dass er als denselben nach wie vor die Abkühlung des Blutes ansah. Wir können uns nach diesen Betrachtungen der Meinung Senacs nicht anschliessen[1]): „on ne peut contester à Cesalpin la connaissance de la circulation. Il ne l'a pas bornée au coeur et aux poulmons, comme ses prédécesseurs, il l'a démontrée dans d'autres parties: nul Ecrivain ne peut donc prétendre, après lui, au titre d'inventeur de la circulation; une telle prétention seroit démentie par les ouvrages de ce Médecin." Es ist wahr, wir finden bei Cesalpino den kleinen Kreislauf vortrefflich beschrieben, die Blutbereitung in der Leber beschränkt, die Lungengefässe richtig als Arterie und Vene bezeichnet; er machte ferner darauf aufmerksam, das beim Aderlass die Vene unterhalb der Ligatur anschwillt, dass aus derselben erst dunkleres venöses, dann helleres arterielles Blut hervorquillt; er erklärte endlich den Lauf des Blutes in den Venen während des Schlafes und bei einem mechanischen Hindernis für centripetal. Aber von einem beständigen Rückflusse, von einem Rückflusse des Blutes, das das Herz bereits passirt hatte, wusste er ebenso wenig als alle Forscher vor Harvey. Haller[2]), der auch die von uns angegebenen Verdienste Cesalpinos hervorhob und ihn als einen scharfsinnigen Mann bezeichnete, „der die Dinge unter einem anderen Winkel anschaute als die übrigen Sterblichen," kam doch zu dem Schlusse:

---

[1]) Senac l. c. Tom. II. p. 21.
[2]) A. v. Haller l. c. I. p. 239.

„verum tamen sanguinis venosi ductum inde non eruit, vero licet proximus; et sanguinem quidem per somnum omnino per venas, non per arterias, ad cor redire docuit; sed a vero hactenus abfuit, quod in Euripi modum sanguinem ire et redire persuaderetur." Wegen dieses Urtheils beschuldigt Ceradini den grossen Physiologen der „mala fides" und sucht seine Behauptung, dass Cesalpino das Venenblut nur im Schlafe für rückläufig hielt, durch den plumpen Scherz zu entkräften:[1]) „Soll man also vermuthen, dass der Aretiner den Aderlass an schlafenden Personen vornahm, oder dass die Thiere, deren Venen er unterband, nicht recht munter waren während der Operation?"[2]) Ja er geht so weit, zu erklären, Malpighi, Baglivi und Haller hätten nur deshalb Cesalpino die Entdeckung des Blutkreislaufes streitig gemacht, weil sie Mitglieder der Londoner königlichen Societät gewesen seien! Und er scheut sich nicht, eben dieser Societät nachzusagen[3]), keins ihrer Mitglieder habe Cesalpinos Werke gelesen, und alle hielten nur deshalb an der Meinung, dass Harvey der Entdecker des Blutkreislaufes sei, fest, um alljährlich das Banket feiern zu können, für das Harvey einen Fond stiftete![4])

Diese Insinuationen gegen wissenschaftliche Forscher ersten Ranges verurtheilen sich selbst.

Es erübrigt, noch einen Prätendenten der Ent-

---
[1]) Ceradini l. c. vol. 237. p. 63.
[2]) Ceradini l. c. vol. 235. p. 270.
[3]) Ceradini l. c. vol. 237. p. 84.
[4]) Ceradini l. c. vol. 237. p. 93.

deckung des Blutkreislaufes zu besprechen, nämlich den Servitenmönch Fra Paolo Sarpi. Die von Leonicenus[1]) berichtete Fabel, derselbe habe eine Warze auf der Hand gehabt, bei einem Drucke auf dieselbe gesehen, dass das Blut nicht zu den Fingern zurückgehen konnte, und daraus die Nothwendigkeit des Kreislaufes erschlossen, hat schon Senac[2]) widerlegt. Wichtiger ist eine Bemerkung aus einem Briefe, den Thomas Bartholin am 30. October 1642 aus Padua an Johann de Wale schrieb:[3]) „De circulatione Harvejana secretum mihi aperuit Veslingius, nulli revelandum, esse nempe inventum Patris Pauli Veneti [a quo de ostiolis venarum sua habuit Aquapendens] ut ex ipsius autographo vidit, quod Venetiis servat P. Fulgentius, illius discipulus et successor." In der That fand Grisellini[4]) auf einem Blatte im literarischen Nachlasse Sarpis, das er für das Concept eines Briefes an eine Person von Bedeutung hält, eine entsprechende Bemerkung. Sarpi bedankt sich für Vesals Anatomie, die ihm diese Person geschenkt hat, und fährt dann fort: „Und wirklich wäre viel Aehnlichkeit zwischen den schon von mir bemerkten und verzeichneten Punkten bezüglich des Blutlaufs in den Gefässen des thierischen Körpers und

---

[1]) Joh. Leonicenus. Apoll. et Aescul. metamorph. p. 76.
[2]) Senac l. c. Tom. II. p. 22.
[3]) Thomae Bartholini Epistolarum medicinalium a doctis vel ad doctos scriptarum Centuria I et II. Hafniae 1663. Cent. I. ep. 26. p. 115.
[4]) Cf. Flourens l. c. p. 123; Ceradini l. c. vol. 235. p. 154; Tollin l. c. p. 44.

des Baus und der Funktion ihrer Klappen und dem, was sich in dem erwähnten Werke im 19. Capitel des 7. Buches, obwohl nicht so klar, angedeutet findet." Er knüpft dann an Vesals Versuch der künstlichen Respiration nach voraufgegangener Tracheotomie den Gedanken, dass dieselbe ein wichtiges Belebungsmittel werden könne, da die Luft offenbar ein Agens enthalte, welches das Blut zu beleben fähig sei; ein Agens, von dem es in der Bibel heisse: „anima omnis carnis in sanguine est."

In dem von Sarpi citirten Capitel spricht Vesal vom centrifugalen Laufe des Blutes und Lebensgeistes in Venen und Arterien, von dem Verhalten der Lunge bei der Athmung, von der Folge der Herzbewegungen und ihrem Einfluss auf den Arterienpuls; aber vom Kreislaufe, selbst vom kleinen, sagt er nichts. Hätte wohl Sarpi, wenn er den Kreislauf gekannt hätte, sagen können, dass seine Aufzeichnungen denen Vesals ähnlich seien? Hätte er Vesals Darlegung nicht vielmehr angreifen und berichtigen müssen?

In der That machte derselbe Fulgentius[1]), von dem Vesling die Kunde hatte, Sarpi die Entdeckung des Blutkreislaufes streitig, während Johann de Wale noch 1640 behauptete[2]), Harvey habe denselben von Sarpi kennen gelernt, und Thomas Bartholin in seiner 1651 vollendeten Anatomie unter Berufung auf Fulgentius Sarpi als den Entdecker bezeichnet. In der zweiten

---
[1]) Cf. A. v. Haller l. c. I. p. 308.
[2]) Thomae Bartholini Casp. Fil. Anatomia Hagae-Comitis 1663. p. 404.

Auflage seines Werks behauptete der Letzte jedoch, Sarpi hätte diese Kenntnis von Harvey erhalten, und fügte die Worte hinzu: „at Harvejo omnes applaudunt circulationis auctori." Die Vermuthung Bartholins jedoch, dass Harveys Buch durch den englischen Gesandten in Sarpis Hände gelangt sei, ist schon, wie Senac bemerkt, deshalb hinfällig, weil Sarpi 1623, also fünf Jahre vor dem Erscheinen desselben, starb.

Tollin[1]) führt Sarpis angebliche Kenntnis des Kreislaufes auf Servet zurück. Da er, als Anhänger des unglücklichen Spaniers verdächtig, von einem Blutlauf spricht und einen Bibelspruch anführt, der in der Restitutio mehrmals vorkommt, so muss er dieselbe gelesen haben; aber er verschweigt Servets Namen aus demselben Grunde, aus dem Bartholin Veslings Mittheilung geheim gehalten wissen will: aus Furcht vor der Inquisition.

Indessen hatte wohl de Wale, der Empfänger von Bartholins Brief, in Leyden, dem protestantischen Sitze wissenschaftlicher Freiheit, die Inquisition nicht zu fürchten. Auch ist es nicht wahrscheinlich, dass Sarpi, der kühne Geschichtsschreiber des Concils von Trident, der es wagte, seine Vaterstadt Venedig in ihrem Streite mit dem Papste zu unterstützen und deshalb in den Bann gethan wurde, der trotz des Bannes Rom nicht mied und dort von Meuchelmördern schwer verwundet wurde, die Restitutio nicht citirt hätte, wenn er sie gelesen.

---

1) Tollin l. c. p. 45.

Servets Anhänger konnte er auch durch dessen frühere Schriften und seinen Feuertod geworden sein, den Bibelspruch konnte er, einer der gelehrtesten Theologen seiner Zeit, auch ohne die Restitutio kennen, endlich ist der Blutlauf Vesals, auf den er sich bezog, verschieden von dem Servets.

Nach Allem ist also auch Sarpi aus der Liste der Entdecker des Blutlaufs zu streichen. Wir sind daher zu der Behauptung berechtigt, dass am Ende des 16. Jahrhunderts der grosse Kreislauf unbekannt war. Der Ruhm, ihn entdeckt zu haben, gebührt William Harvey.

Auf diese Entdeckung wurde er nach dem Urtheile Sprengels durch die Venenklappen geführt. Da Cesalpino dieselben nicht kannte, so nimmt es nicht Wunder, wenn sie Ceradini[1]) für nicht im Geringsten nothwendig für die Entdeckung des Blutkreislaufes erklärt; aber es klingt komisch, wenn er hinzufügt, Cesalpino habe sie vermuthlich deshalb nicht als Beweis für seine neue Lehre benutzt, um dem Freunde mit der Veröffentlichung seiner Entdeckung nicht vorzugreifen; und wenn er erklärt, „Cesalpino hätte sich, wenn er nicht gerade in dem Jahre gestorben wäre, in dem Fabrizio seine Abhandlung über die Venenklappen veröffentlichte, nach dem, was er bis 1571 beobachtet und beschrieben, in viel besserer Lage befunden, die physiologische Funktion dieser Klappen zu errathen als Harvey."

Ob Harvey durch dieselben wirklich auf seine

---

[1]) Ceradini l. c. vol. 235. p. 268.

schöne Entdeckung geführt worden ist, lässt sich nicht feststellen, da sich in seinem Werke keine derartige Andeutung findet; jedenfalls ist er es, der zuerst ihre wahre Bedeutung erkannte, und er hat sie als Beweis für den Kreislauf benutzt.

Auch die Entdeckung der Venenklappen hat ihre Geschichte. Faloppios Nachfolger auf dem anatomischen Lehrstuhle in Padua, Girolamo Fabrizio aus Aquapendente[1]), schildert den Augenblick, wo er sie 1574 fand, mit solcher Ursprünglichkeit und ist ausserdem als ein so ehrwürdiger und selbstloser Character bekannt, dass man überzeugt sein darf, er habe von den früheren Beobachtungen derselben nichts gewusst. Trotzdem behauptet Hecker[2]), dass er „ganz unrechtmässig diese schöne Entdeckung sich zueignete," da dieselbe dem Giambattista Cannani gebühre, welcher 1546 in Regensburg Vesal davon erzählte. In der That bezeichnet ihn Haller[3]) auf Vesals Zeugnis hin als „inventor valvularum venosarum, in azygae renalis et iliacae ortu positarum." Leider hat mir Cannanis Werk, das nach Haeser[4]) nur noch in vier Exemplaren vorhanden ist, nicht vorgelegen. Ich kann daher auch die Behauptung des Amatus Lusitanus nicht prüfen, dass Cannani die Venen für einen in

---

[1]) Hieronymi Fabricii ab Aquapendente anatomici patavini De venarum ostiolis. Patavii 1603 f. 24 Seiten mit 8 Kupfertafeln.
[2]) J. F. C. Hecker l. c. p. 23. 24.
[3]) A. v. Haller l. c. I. p. 192.
[4]) Haeser l. c. II. p. 26.

centrifugaler Richtung eingeblasenen Luftstrom undurchgängig gefunden hätte.

Nach Senac[1]), der von Cannani nichts wusste, ist Jacobus Sylvius, Vesals Lehrer in Paris, der erste, bei dem sich deutliche Spuren der Venenklappen finden; und auch Harvey[2]) liess es unentschieden, ob Fabrizio oder Sylvius der Entdecker sei. Ob er in Abhängigkeit von Cannani stand, wer will es entscheiden?

Milne Edwards Behauptung, dass der Pariser Anatom Charles Étienne 1545, also vor Cannani, Venenklappen beschrieb, hat schon Senac und neuerdings Ceradini[3]) widerlegt. Mit den „Häutchen" im Pfortadersystem, von denen er sprach, konnte er keine Venenklappen meinen, da dieses beim Menschen keine besitzt.

Auch Sarpi wurde als Entdecker der Venenklappen genannt, und Haeser[4]) hält es für möglich, dass Fabrizio sie von ihm kennen lernte. Schon Haller[5]) bezweifelte das jedoch, da Sarpi 1574 erst 22 Jahre alt gewesen sei und sich bis dahin „alienissimis laboribus" gewidmet hatte, was freilich nichts beweist. Die in dem oben citirten Briefe Sarpis erwähnten Klappen sind jedenfalls die Herzklappen, wie Tollin[6]) sehr

---

[1]) Senac l. c. Tom. I. p. 256.
[2]) Harvey l. c. p.
[3]) Ceradini l. c. vol. 235. p. 220.
[4]) Haeser l. c. II. p. 53.
[5]) Haller l. c. I. p. 308.
[6]) Tollin l. c. p. 45.

richtig bemerkt. Aber in Bartholins Brief an de Wale wird es als eine bekannte Thatsache hingestellt, dass Sarpi die Venenklappen entdeckt hat, und auch Fulgentius nimmt dieselben für ihn in Anspruch. Ausserdem soll sich nach Gassendis Zeugnis Peiresc erinnert haben, dass Sarpi sie entdeckt habe. Flourens[1]) hebt die Unbestimmtheit dieser Zeugnisse hervor und betont besonders, dass Sarpi, der erst 1623, also 20 Jahre nach Fabrizios Veröffentlichung, starb, keine Prioritätsansprüche erhoben hat. Auch bemerkt er gewiss mit Recht, dass der alte Anatom, der eine kleine optische Mittheilung Sarpis getreulich mit dessen Namen veröffentlichte, gewiss ihm auch die Entdeckung der Venenklappen nicht streitig gemacht hätte, wenn er gerechte Ansprüche darauf gehabt. Eine Aufzeichnung Sarpis, die etwas dergleichen enthielte, ist jedenfalls nicht vorhanden, und da sich alle Aeusserungen zu Gunsten Sarpis auf seinen Ordensbruder Fulgentius zurückführen lassen, so kann die Frage nur entschieden werden durch den Nachweis, ob dieser die Wahrheit gesagt hat. Wer will diesen Nachweis heute noch liefern?

Wir glauben der Wahrheit am nächsten zu kommen, wenn wir sagen, dass Cannani und Sylvius zuerst Venenklappen sahen, und dass Fabrizio dieselben zuerst bewusst zum Gegenstande der Untersuchung machte, ohne von jenen zu wissen. Er schilderte sie als Häutchen, die meist zu zweien, zuweilen einzeln

---

[1]) Flourens l. c. p. 111 sq.

oder zu dreien in bestimmten Zwischenräumen angebracht sind, in der Hohlvene und den Venen geringerer Grösse aber fehlen und dem Herzen zugewandt sind; als ihren Zweck aber sah er die Verlangsamung des centrifugalen Blutlaufes in den Venen und die Verstärkung ihrer Wände zur Verhinderung der Krampfadern an.

In welchem Jahre William Harvey seine grosse Entdeckung gemacht hat, ist schwer zu sagen; jedenfalls hatte er sie bereits, wie er in seinem Werke selbst angiebt, neun Jahre lang vorgetragen, als er sie 1628 in Frankfurt a. M. drucken liess. Während alle Geschichtsforscher[1]) diese Zurückhaltung und Gewissenhaftigkeit anerkennend hervorheben, sieht Ceradini[2]) darin einen Beweis, dass Harvey die Wichtigkeit der neuen Lehre gar nicht gekannt habe. Seine in der Einleitung unserer Arbeit angeführten Worte beweisen zur Genüge, wie wenig zutreffend dieses missgünstige Urtheil ist.

Am 1. April dieses Jahres ist von einem begeisterten Verehrer Harveys eine deutsche Uebersetzung herausgegeben worden[3]), welche es ermöglicht, dass das epochemachende Werk des grossen Engländers Gemeingut aller Aerzte wird. Wir verweisen darauf um so

---

[1]) Sprengel, Versuch einer pragmat. Gesch. der Med. IV. p. 50. Haeser l. c. II. p. 255.

[2]) Ceradini l. c. vol. 235. p. 268.

[3]) Dr. J. H. Baas, William Harvey, der Entdecker des Blutkreislaufs und dessen anatomisch-experimentelle Studie über die Herz- und Blutbewegung bei den Thieren. Stuttgart 1878.

lieber, als uns die Kürze einer Dissertation nicht gestattet, mit der wünschenswerthen Ausführlichkeit darauf einzugehen.

In der Vorrede giebt Harvey¹) einen meisterhaften Ueberblick über die verschiedenen Ansichten der Alten über Athmung und Blutbewegung und weist nach, wie widersprechend, dunkel und unhaltbar dieselben seien²). Darauf schildert er, welche Mühe es ihn gekostet diese schwierigen Vorgänge zu begreifen, so dass er fast mit Fracastorio geglaubt habe, die Bewegung des Herzens sei allein Gott bekannt. Endlich sei es ihm jedoch gelungen zur Klarheit zu kommen, und auf das Andrängen seiner Freunde veröffentliche er die Resultate seiner Untersuchungen um so lieber, als sein Lehrer Fabrizio das Herz unberührt gelassen habe.

Im speciellen Theile beweist er zuerst³), dass der active Theil der Herzbewegung die Systole ist. In ihr zieht sich das Herz wie ein Muskel zusammen, wird härter, blasser und kleiner, treibt seinen Inhalt aus und schlägt gegen die Brustwand an.

Sodann wird die vis pulsifica der Arterien geleugnet⁴). Ihre Diastole fällt mit der Systole des Herzens zusammen, ihre Pulsation hört mit der Herzbewegung zugleich auf; sie verschwindet unterhalb einer Compressionsstelle und bleibt andererseits bestehen trotz Erkrankung der Arterienwand.

---
¹) Harvey l. c. Prooemium p. 7—37.
²) l. c. Cap. I. p. 38. 39.
³) l. c. cap. II. p. 42—46.
⁴) l. c. cap. III. p. 52. 53.

Darauf geht Harvey[1]) auf das Verhalten der Vorhöfe und Herzkammern über. Sie ziehen sich abwechselnd zusammen[2]); erstere treiben ihren Inhalt in letztere, diese in die Aorta und Vena arteriosa, die übrigens eine Arterie ist wie alle anderen.

Im Folgenden bespricht er die Art[3]), wie das Blut aus den Venen in die Arterien gelangt, bestreitet die Durchgängigkeit der Herzscheidewand und schildert den Foetalkreislauf mit einer Klarheit, die auch Ceradinis Bewunderung erregt; bei der Darlegung des Lungenkreislaufes[4]) beruft er sich auf Colombo und Galen, gewiss der beste Beweis, wie wenig er daran dachte die Verdienste Anderer zu schmälern.

Hierauf führt er aus[5]), wie ihn die Erwägung der geringen Menge des Blutes im thierischen Körper auf den Gedanken des Kreislaufes gebracht. Es sei ihm wahrscheinlich geworden, dass das Blut warm, vollendet, gashaltig, geistig und nahrkräftig durch die Arterien in den Körper strömt und gleichsam entkräftet durch die Venen zum Herzen zurückkehrt, um dort durch die natürliche Wärme zu einem neuen Kreislaufe befähigt zu werden.

Dieser Kreislauf nun ist bewiesen, wenn bewiesen werden kann, dass drei Voraussetzungen zutreffen.

Die erste Voraussetzung ist[6]), dass beständig aus der

---
[1]) l. c. cap. IV. p. 60—64.
[2]) l. c. cap. V. p. 100—104.
[3]) l. c. cap. VI. p. 111—116.
[4]) l. c. cap. VII. p. 125—129.
[5]) l. c. cap. VIII. p. 137. 138.
[6]) l. c. cap. IX. p. 141—145.

Hohlvene mehr Blut in die Arterien ergossen wird, als durch die Nahrung wieder ersetzt werden kann. Nimmt man nämlich den Inhalt einer Herzkammer zu zwei Unzen an, lässt man davon auch nur $\frac{1}{4} - \frac{1}{8}$ bei jeder Systole in die Aorta und Lungenarterie treten und schätzt die Zahl der Herzbewegungen auf 1000 in der halben Stunde, so ergiebt das eine Blutmenge, wie sie der ganze Körper nicht enthält; sie ist, selbst wenn man als die Zeit ihres Durchganges durch das Herz 24 Stunden annimmt, noch viel zu gross, um durch die Nahrung ersetzt werden zu können. Dass diese Rechnung der Wahrheit nahe kommt, zeigt jede Arterienwunde, aus der in kurzer Frist das ganze Körperblut ausströmen kann.

Einen ferneren Beweis für den Blutlauf[1]) giebt der Versuch, die Gefässe des Aalherzens zu unterbinden. Nach Unterbindung der Hohlvene wird es blass und anaemisch, nach der der Arterien livid und hyperaemisch.

Die zweite Voraussetzung ist[2]), dass beständig aus dem Herzen mehr Blut in die Arterien ergossen wird, als zur Ernährung der Körpertheile nöthig. Den Beweis liefert die Umschnürung eines Gliedes. Ist sie straff, so hört der Puls in demselben auf, die Arterien schwellen oberhalb, die Venen weder ober- noch unterhalb derselben an. Ist sie lose, so bleibt der Puls, die Venen schwellen unterhalb, die Arterien weder

---

[1]) l. c. cap. X. p. 152. 153.
[2]) l. c. cap. XI. p. 161—166.

ober- noch unterhalb derselben an. Da in diesem Falle der Zugang des Blutes in die Venen vom Herzen aus nicht möglich ist, weder durch die Venen selbst noch durch die „carnis porositates", so muss es aus den Arterien kommen. Diese Erscheinung erklärt auch den bis dahin räthselhaften Vorgang der Fluxion: sie entsteht überall da, wo der Venenabfluss behindert ist.

Fernere Beweise[1]) für den Uebertritt des Blutes aus den Arterien in die Venen sind der Aderlass, bei dem man fast alles Blut ablassen kann, und Furcht und Ohnmacht, welche durch die Lähmung der Herzkraft Blutungen zum Stehen bringen.

Die dritte Voraussetzung ist[2]), dass das Blut durch die Venen zum Herzen zurückströmt. Als Beweis dienen die Venenklappen, deren Aufgabe, den Rückfluss des Blutes aus den grösseren in die kleineren Venen zu verhindern, durch verschiedene Versuche gezeigt wird. Da sich Harvey ausdrücklich auf Fabrizio beruft, so sei bemerkt, dass der letztere die meisten dieser Versuche nicht kannte; besonders nicht den entscheidensten, wobei ein in centrifugaler Richtung eingeführter Strohhalm die Klappen stellt, in centripetaler dagegen ohne Schwierigkeit vorwärts bewegt wird.

Auf Grund dieser Beweise stellt Harvey[3]) nun den Kreislauf auf. „Cum haec confirmata sint omnia, et rationibus et ocularibus experimentis, quod sanguis per pulmones et cor, pulsu ventriculorum, pertranseat,

---

[1]) l. c. cap. XII. p. 178. 179.
[2]) l. c. cap. XIII. p. 183—186.
[3]) l. c. cap. XIV. p. 194.

et in universum corpus impellatur, et immittatur, et ibi in venas et porositates carnis obrepat, et per ipsas venas undique a circumferentia ad centrum, ab exiguis venis in maiores remeet, et illinc in venam cavam, ad auriculam cordis, tandem veniat, et tanta copia, tanto fluxu, refluxu, hinc per arterias illuc, et illinc per venas huc retro, ut ab assumptis suppeditari non possit, atque multo quidem maiori [quam sufficere poterat nutritioni] proventu: necessarium est concludere circulari quodam motu in circuitu agitari in animalibus sanguinem, et esse in perpetuo motu: et hanc esse actionem sive functionem cordis, quam pulsu peragit; et omnino motus et pulsus cordis caussam unam esse."

Zum Schluss führt Harvey noch einige weitere Gründe für seine neue Lehre an.

Das Herz ist Sitz der Wärme[1]). Also muss das Blut, das im Körper sich abkühlt, dorthin zurückkehren, um sich wieder zu erwärmen; auch muss es durch eine kräftige Maschine in Bewegung erhalten werden, und auch das vermag nur das Herz zu leisten.

Die Vergiftung[2]) des ganzen Organismus durch ein in einen Körpertheil gebrachtes Gift und die Wirkung äusserlich angewandter Arzneimittel zwingt zur Annahme des Kreislaufes. Diese Stoffe werden von den Hautvenen aufgenommen wie der Chylus von den Mesenterialvenen, die denselben der Leber zur Kochung zuführen.

---

[1]) l. c. cap. XV. p. 195—197.
[2]) l. c. cap. XVI. p. 202—205.

Nachdem er so seine Lehre entwickelt hat, eröffnet Harvey einen Ausblick auf die Fülle der Probleme auf dem Gebiete der Pathologie, Physiologie, Semiotik und Therapie, deren Erwägung durch die Lehre vom Kreislaufe nahe gelegt, deren Lösung ermöglicht wird; ein neuer Beweis gegen Ceradinis Behauptung, dass er die Tragweite seiner Entdeckung nicht kannte. „Ubi, quot problemata determinari possint ex hac data veritate et luce, quanta dubia solvi, quot obscura dilucidari, quando animo mecum reputo, campum invenio spatiosissimum, ubi longius percurrere et latius expatiari adeo possim, ut non solum in volumen excresceret, praeter institutum meum, hoc Opus, sed me forsan vita ad faciendum deficeret."

Das letzte Capitel[1]) enthält eine sehr ausführliche vergleichende Anatomie und Entwickelungsgeschichte des Herzens, auf die wir leider nicht näher eingehen können. Erwähnt seien nur noch zwei Bemerkungen, die eine, dass das Herz ein Muskel, die andere, dass die verschiedene Dicke der Arterien- und Venenwände durch die verschiedene Stärke des Stosses zu erklären sei, den sie seitens der Blutwelle zu ertragen hätten.

Welchen Sturm Harveys Buch in der medicinischen Welt erregte, wurde schon angedeutet; sie zerfiel in zwei Heerlager, das eine für, das andre gegen den Kreislauf. Auf diesen Streit näher einzugehen, kann unsere Aufgabe nicht sein, er ist eines der bekanntesten Ereignisse der Geschichte unserer Wissenschaft. Nur einige Aeusserungen von Zeitgenossen mögen hier Platz

---

[1]) l. c. cap. XVII. p. 215—224.

finden, welche den Ernst und die Begeisterung der Kämpfer kennzeichnen. So schreibt Primirose, einer der schwächsten Gegner der neuen Lehre, in der Vorrede seines Aufsatzes an Harvey selbst, zwei Jahre nach dem Erscheinen der Exercitatio de motu cordis: „Ea cum speciem prae se ferret novitatis, gratiam invenit apud populum medicosque quosdam non exiguam. Jam nihil resonabant Academiarum vestrarum tirones, quam circulationem sanguinis, venas lacteas, artem staticam, aliaque eiusmodi, quae a communi opinione abhorrentia, nimis placent, nimis delectant, nimis alliciunt, nihil prosunt tamen nec faciunt ad medendum." Thomas Bartholin hielt es in verschiedenen Briefen an gelehrte Freunde, die dem Kreislaufe noch nicht zustimmten, für nöthig ausdrücklich zu erklären, dass sie dadurch ihr Einvernehmen nicht stören lassen wollten. Die innige Ueberzeugung, dass die Wahrheit siegen müsse, sprach er in einem Briefe an Leichner vom 3. März 1662 aus, wo es heisst: „Vita nostra teste Tragico Seneca, abditos sensus gerit, ut mirum non sit, si obscurus sanguinis motus videatur, de cuius progressu, quia apud plures iam invaluit, dicere licet, si parva magnis componere licet, quod olim Gamaliel Act. 5. evanuiturum, si contra naturam fuerit, at perduraturum si naturam habuerit faventem." Dieselbe Ueberzeugung war auch jedenfalls der Grund, aus dem Harvey dem Streite der Meinungen ruhig zusah. An einige seiner Gegner wandte er sich brieflich und nur den jüngeren Riolan, der ihn am heftigsten angriff, suchte er in zwei Gegenschriften zu widerlegen.

Von den Vorwürfen, welche Ceradini neuerdings gegen Harvey erhebt, erwähnten wir schon den, dass er Cesalpinos Entdeckungen benutzt habe, ohne ihn zu citiren, und dass er statt dessen Aristoteles anführte. „Als vorsichtiger Mensch, wie er war, verschweigt er nur den Namen desjenigen unter seinen Vorgängern, dem er in Wahrheit etwas entnommen hatte; und was! gerade die Lehre vom Blutkreislaufe, und gerade das Wort Circulatio, welches Cesalpino zum ersten Male brauchte um eine Thatsache zu bezeichnen, welche er zuerst erkannt hatte." Dem gegenüber bemerken wir, dass Harvey nie das Wort Circulatio in seinem Buche braucht, sondern von Circuitus spricht; dass er bei dem Lungenkreislaufe, den Cesalpino mit circulatio bezeichnete, seinen Entdecker Colombo citirt; und dass er bei verschiedenen Gelegenheiten den Aristoteles gewiss nicht anführt aus berechneter Bosheit gegen Cesalpino, da, wie wir sahen, dieser in den meisten Punkten mit dem alten Peripatetiker übereinstimmt.

Nur zwei Punkte berechtigen zu dem Gedanken, dass Harvey von Cesalpino gelernt hat: der eine ist Cesalpinos Hinweis auf das Anschwellen der Venen unterhalb der Aderlassbinde, das er aber nicht einmal zu deuten verstand; das andre die Behauptung, dass die Vena arteriosa eine wirkliche Arterie sei. Berechtigen diese Wahrnehmungen in der That zu dem schweren Vorwurf, den Ceradini erhebt? Ist es so unglaublich, dass Harvey, der so viele geniale Gedanken hatte und dessen kindliche Redlichkeit und Selbstlosigkeit von Allen, die ihn kannten, so hervorgehoben wird, auch diese Beobachtungen selbst machte? Ist es so unmöglich, dass Harvey die medicinischen Untersuchungen, die 1593 erschienen, während seiner Studienzeit in Padua nicht gelesen hat? Und wenn er sie gelesen, ist es wirklich ein so schweres Verbrechen, dass er Cesalpinos Namen nicht nannte? Wenn Ceradini in Harveys „porositates carnis" Cesalpinos capillamenta wiedererkennen will und darin einen weiteren Grund dafür sieht, dass der Engländer die Schriften des Aretiners kannte, so wiesen wir schon darauf hin, dass Cesalpino durchaus nicht die capillamenta mit den alten Anastomosen identificirte und nirgend sagt, dass durch dieselben ein Austausch des Inhaltes der Gefässe stattfinde.

Der Begriff der Anastomose hat im Laufe der Zeit Wandlungen erlitten. Dass Galen damit die Verbindung der Arterien mit den Venen durch Poren in ihren Wänden bezeichnete, wurde bereits hervorgehoben. Colombo gab eine andre Definition dafür, indem er sie als die directe Einmündung des einen Gefässes in das andre bezeichnete; doch bezeichnete er dieselbe als eine Art der Anastomose, woraus hervorgeht, dass er auch die alte Anschauung nicht aufgab. Die bezeichnete Stelle lautet[1]): „Haec vasa [arteriae seminales] dum descendunt, primo aliquantulum distant, postmodum ita implicantur, ut vena arteriam, arteria venam ingrediatur fitque praeclara illa, et admirabilis, ac aspectu iucundissima, a graecis hominibus vocata ἀναστόμωσις, quod

---

[1]) Columbus l. c. L. XI. p. 436.

genus ἀναστομώσεως, si in corporum dissectionibus te accuratum praestabis, in aliis quoque partibus comperies, in brachiis praesertim, et cruribus: propterea quandoque evenit, ut vena una dumtaxat sauciata non modo naturalis sanguis universus, sed una vitalis quoque effluat, ita ut vulneratus intereat." Ob man nun Oeffnungen in den Wänden, ob man einen directen Uebergang der Gefässe in einander annimmt, in beiden Fällen findet ein unmittelbarer Uebertritt des Blutes aus den einen in die anderen statt. Einen solchen leugnete Harvey und liess nur einen unmittelbaren durch die porositates partium zu[1]). „Sed [nimis forsan audacter dico] nec ipse Galenus, neque ulla experientia, unquam sensibiles anastomoses conspexerunt, aut ad sensum ostendere potuerunt. Ego qua potui diligentia persequivi, et non parum olei et operae perdidi, in anastomosi exploranda, nusquam autem invenire potui vasa invicem[2]), arterias scilicet cum venis, per orificia copulari: libenter ab aliis discerem, qui Galeno tantum adscribunt, ut ad verba eius iurare ausi sint.... Tribus, duntaxat, in locis quod aequipollet anastomosi reperio." Diese drei Stellen sind der Plexus choroides, die vasa spermatica und die vasa umbilicalia. Er leugnete aber nicht bloss die Anastomose durch directen Uebergang der Arterien in die Venen, sondern auch den Uebertritt von Blut durch Oeffnungen in den Gefässwandun-

---

[1]) Exercitatio Anatomica de circulatione sanguinis ad J. Riolanum, prima. Authore G. Harveo. Gesammtausgabe seiner Werke in 2 Theilen. Lugd. Bat. 1737. Tom. I. p. 107—126.
[2]) l. c. p. 124.

gen. Zum Beweis unterband er die Hohlvene dicht unter dem Herzen und zeigte, dass die Carotiden blutleer waren, woraus hervorginge, dass das Blut aus den Venen und Arterien nicht durch Anastomose, sondern nur durch das Herz gelangte. Andrerseits liess auch er die Arterien in Haargefässe endigen, arteriae capillares, die er wegen ihrer Dünnwandigkeit geradezu arteriöse Venen nannte, und sprach von „capillamenta" in der Leber. Sie endigten frei in das Gewebe, durch welches das Blut sich den Weg suchte per carnis porositates zu den Anfängen der Venen.

Dies ist ein Mangel an Harveys Lehre, aber ein Mangel, der nur durch das Microscop gehoben werden konnte. Es ist aber zugleich ein Beweis für die nüchterne Forschung Harveys, der nichts annahm, was er nicht beweisen konnte. Malpighi zeigte in der That den directen Uebergang der feinsten Endgefässe der Arterien in die der Venen, die a priori anzunehmen so nahe für Harvey gelegen hätte.

Den schwersten Vorwurf erhebt Ceradini[1]) gegen Harvey, weil er die Chylusgefässe nicht anerkannte; er findet Harveys einzigen Beweggrund dafür in der Verachtung jeder Entdeckung, die nicht sein war.

Von jeher galt die Leber als blutbereitendes Organ und als Quelle der Venen; dorthin sollten die Gekrösvenen den Nahrungssaft führen. Zwar sahen Aristoteles und Cesalpino das Herz als blutbereitendes Organ an, aber auch für sie behielt die Leber einen Theil

---

[1]) Ceradini l. c. vol. 235. p. 250.

ihrer Wichtigkeit. Von diesem Irrtume konnte sich auch Harvey nicht frei machen. Er erklärte ausdrücklich, dass es keine Schwierigkeit habe, sich zu denken, dass die Gekrösvenen sowohl das Blut von den Eingeweiden zurück-, als auch den Chylus zur Leber führten.

Am 22. Juli 1622 entdeckte Gaspare Aselli in Pavia eigene Gefässe für diesen Zweck und nannte sie venae lacteae, die er aber auch zur Leber gehen liess. Wir begreifen Harveys Zweifel an der neuen Entdeckung, da er nicht einsah, wozu noch besondere Gefässe zu einer Verrichtung da sein sollten, zu der nach seiner Meinung die Venen genügten. Dies Bedenken wurde allerdings hinfällig, als 1647 der Student Jean Pequet in Montpellier die Cysterna Chyli und die Einmündung des Ductus thoracicus in die Achselvene auffand und 1651 beschrieb[1]). Wenn Harvey trotzdem an seinem Leugnen festhielt, so ist das gewiss nicht ein Zeichen berechneter Bosheit, wie Ceradini es feindselig deutet, sondern ein trauriger Beweis, wie sehr selbst Männer von umfassendem Geiste zuweilen unter der Macht des Hergebrachten und der Gewohnheit stehen.

Wenn aber Ceradini behauptet, dass, so lange die Blutbereitung und die Wege, auf denen der Chylus in das Blut geleitet wurde, unbekannt blieben, „die Lehre vom Kreislaufe effectiv vom allgemeinen Gesichtspunkte der biologischen Wissenschaften aus jeder Wichtigkeit entbehrte und in Folge dessen nur als eine anatomische

---

[1]) Ceradini l. c. vol. 235. p. 266.

Curiosität angesehen werden konnte", wenn er hinzufügt, dass schliesslich der Kreislauf „trotz Harvey" allgemeine Anerkennung fand, so sind das outrirte Behauptungen, die sich selbst widerlegen. Sie beweisen, dass Ceradini Harvey nicht als objectiver Geschichtsforscher gegenübersteht, sondern als Partei, die ihn bekämpft und auf jede Weise zu verkleinern sucht, und es nimmt sich schlecht genug aus, wenn er am Ende seiner Abhandlung die Hoffnung ausspricht, man werde ihn[1]) nicht der Parteilichkeit beschuldigen für die Weise, wie er die Frage der Priorität der Entdeckung des Kreislaufes umgekehrt hat."

Wer Harveys Arbeiten vorurtheilsfrei liest, muss von dem ernsten, nüchternen Geiste, von der rücksichtslosen Wahrheitsliebe, von dem Muthe der Ueberzeugung, die sie durchdringen, zur Achtung und Anerkennung gezwungen werden. Jeder grosse Geist verlangt, was wir jedem Menschen aus Höflichkeit erweisen, Gerechtigkeit und billige Beurtheilung. Wir dürfen nicht seine Tugenden verschweigen oder als selbstverständlich hinstellen, seine Fehler übertreiben, seine Schwächen möglichst hart beurtheilen. Es ist gewiss nicht vortheilhaft für den Ruhm Cesalpinos, dass sein Herold so hämisch gegen Harvey verfährt. Nur zu leicht wird man an die alte Wahrheit erinnert, dass die Sprache um so heftiger wird, je schwächer die Gründe.

Früher sagten die eifrigsten Vertreter Cesalpinos,

---

[1]) Ceradini l. c. vol. 237. p. 91.

er habe den Kreislauf geahnt oder wenigstens unvollständiger gekannt, als Harvey. Ceradini dreht das Verhältnis um und führt den Nachweis, dass Harvey ihn unvollständiger kannte, als Cesalpino. Denn er sagt, das Haupthindernis der Entdeckung des Kreislaufes war die Blutbereitung in der Leber, die Harvey annahm, während sie Cesalpino geleugnet; auch haben beide die Athmung für eine Abkühlung des Blutes erklärt, wovon aber Cesalpino später zurückgekommen sei. Wir sahen, dass beide Behauptungen Ceradinis unrichtig sind. Während er aber Cesalpinos Entdeckungen vergrössert und durch künstliche Gruppirung anders gemeinter Stellen neue Entdeckungen bei ihm findet, Harvey aber als Character und Forscher herabsetzt, sucht er schliesslich die ganze Entdeckung des Kreislaufes als etwas Unbedeutendes darzustellen, indem er sagt, Cesalpino habe die Aufstellung des Pflanzensystems und seine mineralogischen Beobachtungen gewiss mehr Mühe gekostet, als die Entdeckung des Blutrückflusses in den Venen. Wir können es nicht verschweigen, dass wir bei der Lectüre des Ceradinischen Aufsatzes dasselbe Gefühl hatten, wie Haller[1]), als er von den Angriffen auf Harvey sagte, man höre da nur „die Gründe von Advocaten".

In der ersten Entgegnungsschrift an Riolan hob Harvey hervor, dass dessen Abhandlung keine Beweisgründe gegen seine Lehre ausser der nackten Negation enthalte. Auch verwahrte er sich gegen den Vorwurf,

---

[1]) Haller l. c. I. p. 365.

dass der Blutkreislauf die alte Medicin zerstöre, behauptete vielmehr mit Recht, dass er sie mächtig fördern werde; fügte aber den früher gegebenen Beweisen keine neuen hinzu. Wichtiger war die zweite Entgegnungsschrift[1]). Nachdem er in der Einleitung den verschiedenartigen Eindruck, den seine Lehre auf die Gelehrten gemacht, geschildert und erklärt, warum er auf die Schmähungen einiger seiner Gegner nicht eingehe: „maledicta autem maledictis respondere indignum Philosopho, et veritatem inquirenti, judico", bespricht er einige Einwürfe genauer. Zuerst wendet er sich gegen die Triebkraft der Arterienwände, die er auf Grund der Beobachtung eines schwachen Pulses jenseits eines Aneurysma und guter Pulsation an den Extremitäten von Leuten, deren Aorta sich bei der Obduction in grosser Ausdehnung verkalkt zeigte, leugnete. Bemerkenswerth ist dabei, dass er die Zusammenziehung der durch das Blut ausgedehnten Arterien, welche durch ihre Elasticität bedingt wird, ausdrücklich anerkennt, was, wie wir oben sahen, Ceradini leugnete. „At non propterea omnem motum etiam tunicis arteriarum denegamus, sed, quem cordi tribuimus, concedimus, nimirum coarctationem et systolem, et a distentione ad constitutionem naturalem regressum, ab ipsis tunicis fieri."

Sodann leugnet er die generelle Verschiedenheit des arteriellen und venösen Blutes. Den ersten für

---

[6]) Exercitatio anatomica de circulatione sanguinis ad J. Riolanum, altera. Authore G. Harveo. Roterodam 1649. Gesammtausgabe Tom. I. p. 127—167.

dieselben angeführten Grund, dass bei der Arteriotomie helleres Blut fliesse als bei der Phlebotomie, suchte er zu entkräften, indem er die verschiedene Farbe aus der Weite der Ausflussöffnung erklärte. Je kleiner dieselbe sei, desto dünner und feiner sei das Blut, welches sie durchlasse; auch erscheine das aus einer Arterie geflossene Blut nach einiger Zeit venös, während beim Nachbluten aus der Aderlasswunde und aus Blutigelstichen häufig helles Blut hervorquelle. Als zweiten Grund pflegte man anzuführen, dass man nach dem Tode die linke Herzkammer und die Arterien leer findet. Dagegen wendete er ein, dass dies nur der Fall sei, wenn, wie wir sagen, Lungentod erfolgt ist. Dann lassen die Lungen kein Blut mehr zum linken Vorhof gelangen, während das weiter schlagende Herz seinen Inhalt in die Arterien treibt. Beim Herztode dagegen, wo das Herz zu schlagen aufhört, während die Lungen durchgängig bleiben, findet man die linke Kammer völlig mit Blut gefüllt. Den dritten Grund, dass das arterielle Blut reicher an Spiritus sei als das venöse, benutzt Harvey zu einer eingehenden Besprechung der thierischen Geister. Mit grosser Kühnheit erklärt er sie weder in Arterien, Venen, Nerven, noch in anderen Theilen bei der Zergliederung gefunden zu haben und behauptet, sie seien den Forschern, die Alles erklären wollten, ebenso nöthig wie dem schlechten Lustspieldichter der Deus ex machina. Er zeigt, wie widerspruchsvoll und abweichend von einander die Meinungen der verschiedenen Gelehrten seien, wie die thierischen Geister von den einen für körperlich, von den andern für unkörperlich gehalten werden; wie die einen nur drei, die andern noch mehr annehmen, sobald sie im Körper auf etwas stossen, was sie nicht erklären können. An die Stelle dieser alten Theorien setzt er eine neue, wahrhaft chemische, indem er entwickelt, dass die Geister mit dem Blute ebenso innig verbunden seien, wie mit einem edlen Weine der Geist desselben; wie der Wein nach Verlust seines Geistes nur noch Essig, so sei das Blut ohne den Lebensgeist nur noch Cruor und nicht Blut mehr. Ja er vergleicht sogar den Lebensgeist mit der Flamme des Weinspiritus und giebt an, dass er eine Ausathmung des Blutes sei; und findet schliesslich den Unterschied des arteriellen vom venösen Blut in seinem grösseren Reichtum an Lebensgeist. Hatte man bis dahin also den Inhalt der Gefässe in verschiedene neben einander bestehende Theile getheilt, hatte selbst noch Cesalpino von alimentum auctivum und alimentum nutritivum gesprochen, neben denen die thierischen Geister und die Wärme als selbständige Dinge den Körper durchströmten, so stellte Harvey den grossen und fruchtbringenden Gedanken der Einheit des Blutes auf, dem auch die Wärme anhaftet, und machte dadurch den Kreislauf viel annehmbarer.

Im Folgenden wiederholt Harvey einen Theil seiner früheren Experimente und fügt einige neue und mehrere Erfahrungen am Krankenbette hinzu.

Wahrhaft klassisch ist die Antwort, die er auf den Einwurf einiger Gegner giebt, die den Grund und den Zweck des Kreislaufes nicht einzusehen vermochten.

Zuerst, sagt er, müsse man feststellen, dass der Kreislauf sei, ehe man fragen dürfe, weswegen er sei. Sodann aber werden viele Erscheinungen in der Physiologie, Pathologie und Therapie, deren Bestehen man anerkennen musste, ohne ihren Grund zu kennen, durch den Kreislauf verständlich. Und wenn derselbe auch nicht alle medicinischen Probleme erklären könne, so sei auch das kein Grund ihn zu leugnen.

Von Wichtigkeit ist noch aus dem Folgenden die Auseinandersetzung, dass das Blut durch die verschiedenen Körpertheile mit verschiedener Geschwindigkeit und unter verschiedenem Druck hindurchströme, und dass dieselben ihm um so grösseren Widerstand entgegensetzen, je dichter und gewundener sie seien. Wir sehen hier die Anfänge der Haemodynamik.

Nächst den Schriften an Riolan ist noch ein Brief Harveys an den Hamburger Arzt P. M. Slegel aus dem Jahre 1651 von Wichtigkeit, in welchem er mittheilt, dass es ihm gelungen sei von der Lungenarterie aus Wasser in die Lungenvene und die linke Herzkammer zu treiben; nach Ceradini war dies der erste experimentelle Beweis des Lungenkreislaufes.

Richard Lower sagt in der Vorrede zu seiner Abhandlung über das Herz: „Et quidem Harveius, quantum ad nobilissimum Circulationis Inventum pertinuit, fabricam Cordis, Motumque Sanguinis ita descripsit, ut posteris nihil fere aut addendum aut desirandum reliquerit". Dies ist in der That das Gefühl, das uns beschleicht, wenn wir nach den Werken der Früheren Harveys Leistungen betrachten. Dass die Arterien Blut enthalten, dass die Herzscheidewand undurchlöchert sei, dass es einen Lungenkreislauf gebe, dass die Lungengefässe wahre Arterien und wahre Venen seien, dass das Aderlassblut aus dem peripherischen Ende fliesst, dass in den Venen sich Klappen finden, das sind Entdeckungen, die, ungenügend erklärt und unverbunden neben einandergestellt, die unsicheren Vorstellungen über die Verrichtungen des Herzens nur noch mehr verwirrten. Harvey fasste den sie einigenden Gedanken, er stellte zuerst die Einheit des Inhaltes der Gefässe und den beständigen Kreislauf desselben durch den Körper fest, aber er stellte ihn nicht blos als einen Gedanken, als eine Möglichkeit auf, sondern als eine durch eine überwältigende Zahl von Beweisen gestützte Thatsache.

Dass Harveys Arbeiten die Lehre vom Kreislaufe nicht abschlossen, deuteten wir bereits in der Einleitung an. In einer Maschine hängt jeder Theil so eng mit dem andern zusammen, dass der eine nicht ohne die anderen begriffen werden kann. Athmung und Blutlauf sind vom Stoffwechsel nicht trennbar. Asellis und Pecquets Entdeckungen haben daher nicht geringere Wichtigkeit für den Kreislauf als die Entdeckung der Lymphgefässe durch Olaus Rudbeck und Thomas Bartholin. Harveys Ansichten von der Athmung und vom Unterschiede des arteriellen und venösen Blutes — jene diente ihm noch zur Abkühlung des Blutes, dieser beruhte auf der feineren Vertheilung der Blutmenge — konnten erst berichtigt werden, als Lavoisier die Athmung als eine Verbrennung erkannte und

Magnus durch Auspumpen der Blutgase den strengen Nachweis führte, dass Sauerstoff und Kohlensäure wesentlich dabei betheiligt sind.

Auch hatte Harvey noch den alten Irrtum getheilt, dass die Lungengefässe das Lungengewebe ernähren. Diese Meinung wurde beseitigt, als Friedrich Ruysch 1691 die Bronchialgefässe entdeckte. Hatte Harvey den Uebertritt des Blutes aus den Arterien in die Venen nur als eine Nothwendigkeit erkannt und als solche bewiesen, den Weg für denselben aber nicht gekannt, so wurde auch in diese Frage Klarheit gebracht durch den mikroscopischen Nachweis der Capillaren durch Marcello Malpighi an der Lunge des Frosches und durch William Cowper an Homoiothermen; und nicht weniger wichtig waren Ruysehs Gefässinjectionen, deren Methode er zu einer wahren Meisterschaft vollendete. Auch darf in einer Geschichte der Entdeckung des Blutkreislaufes Malpighis Nachweis der Blutzellen nicht übergangen werden.

Die Wichtigkeit einer geistigen That liegt oft mehr in dem Anstoss zu weiterer Forschung, den sie giebt, als in ihr selbst. Columbus hat Amerika selbst erst spät betreten, zuerst entdeckte er ein unbedeutendes Eiland; aber der Beweis, dass seine Ahnung richtig war, fachte zu einer Nacheiferung an, der wir die schnelle Entdeckung des grössten Theils der neuen Welt mit ihren unberechenbaren Folgen für die Cultur verdanken. Welcher Bienenfleiss der Forschung durch Harveys Entdeckung angeregt ward, deuteten wir bereits an. Dass die Frucht derselben nicht nur ein

Aufschwung der Anatomie und Physiologie war, dass auch die Pathologie, Therapie und Chirurgie daraus gewannen, lehrt die Thatsache, dass kurz nach Harveys Entdeckung Versuche mit der Transfusion und mit der Einbringung von Arzneimitteln in den Blutlauf gemacht wurden. Und Thomas Bartholin fügte dem Titel seiner Anatomie hinzu: „ad sanguinis Circulationem reformata".

Wir sind zu Ende. Was wir haben zeigen wollen, war das, dass die Entdeckung des Blutkreislaufes durch eine Jahrtausende lange Arbeit vorbereitet und durch eine grosse Zahl fleissiger und begeisterter Forscher vollendet wurde; dass aber der, welcher die Consequenzen aus den Vorarbeiten zog und den Kreislauf entdeckte, der, auf dessen Schultern die weiteren Forscher stehen und von dem sie die Anregung empfingen, kein anderer war, als William Harvey. Der ernste wissenschaftliche Geist, die nüchterne gewissenhafte Methode seiner Forschung, die Kühnheit und zugleich Bescheidenheit seines Charakters, die Schönheit seiner Leistungen erfüllen mich mit Ehrfurcht und Bewunderung für ihn, den Vater der Physiologie, und sie legen mir heut, wo 300 Jahre seit seiner Geburt, 250 seit der Veröffentlichung seines Epoche machenden Werkchens vergangen sind, den Wunsch in den Mund: Möchte die Zeit nicht fern sein, in der es wieder heisst, wie in den Tagen des alten Bartholin: „At Harveyo omnes applaudunt circulationis auctori!"

Buchdruckerei von Gustav Schade (Otto Francke) in Berlin.